Schema eines Blätter- oder Lamellenpilzes

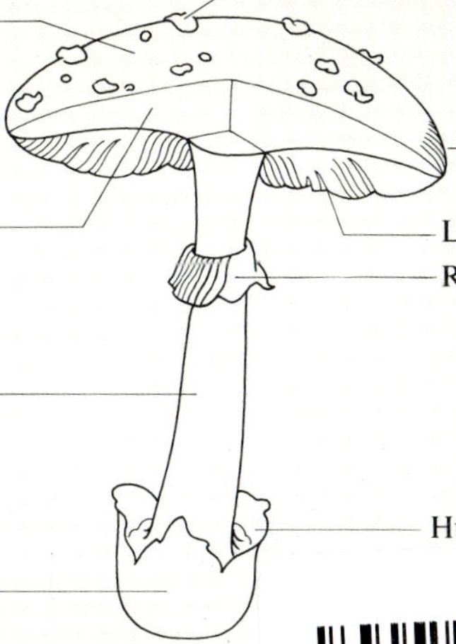

Hinweis und Warnun

Dieser GU-Naturführer stellt ei
ren Bestimmungsmerkmale mit bloßem Auge erkennbar sind. 415 Pilzarten Europas sind in Naturfarbfotos abgebildet und detailliert beschrieben. Symbole in den Beschreibungstexten zeigen an, welche Arten eßbar und welche giftig sind. In den Beschreibungen der eßbaren Pilze ist auf Verwechslungsmöglichkeiten mit giftigen Doppelgängern hingewiesen.

Wichtig für Pilzsammler:

- Zur sicheren Bestimmung müssen Sie jedes einzelne der beschriebenen Erkennungsmerkmale und die dazugehörige Abbildung mit dem Pilz, den Sie gefunden haben, genau vergleichen. Stimmt auch nur ein Merkmal nicht überein, müssen Sie davon ausgehen, daß es sich bei Ihrem Fund nicht um den beschriebenen und abgebildeten Pilz handelt.
- Auch einen zweifelsfrei bestimmten Pilz sollten Sie erst dann zu Speisezwecken verwenden, wenn er Ihnen in all seinen unterschiedlichen Erscheinungsformen genau bekannt ist.
- Junge oder unterentwickelte Pilze, die Sie nicht zweifelsfrei bestimmen können, sollten Sie keinesfalls sammeln. Lassen Sie auch alte Pilze stehen, denn das Pilzeiweiß zersetzt sich sehr rasch.
- Denken Sie stets daran: Auch das beste Pilzbestimmungsbuch kann Sie nur dann vor Verwechslungen schützen, wenn Sie die Erkennungsmerkmale in Bild und Text auf das sorgfältigste mit Ihrem Fund vergleichen. Legen Sie bei geringstem Zweifel die gesammelten Pilze einem Pilzfachmann beziehungsweise einer Pilzberatungsstelle vor.

Edmund Garnweidner

GU Naturführer

Pilze

Die wichtigen Pilze Mitteleuropas erkennen und bestimmen

Mitarbeit: Hertha Garnweidner

GU GRÄFE UND UNZER

Pilze bestimmen – leicht gemacht

Der »GU Naturführer Pilze« ist für Pilzfreunde maßgeschne dert: Sein handliches Einsteck-Format und nur 300 Gramm G wicht machen ihn zu einem idealen Begleiter beim Pilzesammel und auf Streifzügen durch die Natur.
Mit eigens für dieses Buch aufgenommenen Naturfarbfotos, bot nischen Zeichnungen und präzisen Beschreibungstexten wird dem Benützer leicht gemacht, Pilze gleich an Ort und Stelle zu e kennen und richtig zu bestimmen. **Texte und Farbfotos stamme aus einer Hand** – geschrieben und fotografiert von einem exzelle ten Kenner unserer Pilzflora. **415 Naturfarbfotos** zeigen die Pilze i ihrer typischen Wuchsform mit allen für die Bestimmung wich gen Erkennungsmerkmalen und das natürliche Umfeld.
Die Erfahrung lehrt, daß Ungeübten das Bestimmen von Pilzen c schwerfällt. Deshalb wurde für diesen Pilzführer ein **Bestimmung system** entwickelt, das ebenso einfach wie sinnvoll ist: Die vorg stellten Pilzarten sind in 6 Gruppen gegliedert, jede Pilzgruppe h ihre eigene **Kennfarbe** (→Übersicht Seite 6); **signalfarbene Gri marken,** außen am Buch deutlich sichtbar, erleichtern das Auffi den der Pilzgruppen. **Symbole** in den farbigen Griffmarken z gen charakteristische Erkennungsmerkmale (→Übersicht Seite Wichtige Bestimmungshilfen sind ferner **Zeichen,** die auf den sten Blick erkennen lassen, ob es sich um einen eßbaren, ungenie baren oder giftigen Pilz handelt (→Zeichen-Erklärung Seite Wer Pilze zu Speisezwecken sammeln will, wird durch Hinwe im Text vor giftigen »Doppelgängern« gewarnt.
Im **Anhang** findet der Pilzfreund eine kleine Pilzkunde und e Pilzregister mit deutschen und lateinischen Artennamen. Auß dem eine Tabelle besonders empfehlenswerter und leicht bestim barer Speisepilze sowie Tips zum Sammeln und Verwerten.

Die Auswahl der Pilzarten

Neben den wichtigsten Speise- und Giftpilzen ist auch ein Groß der in Mitteleuropa verbreiteten, häufigeren Pilzarten abgebil oder unter dem Stichwort **Ähnliche Arten** beschrieben, darun auch Pilzgruppen, die für Speisezwecke bedeutungslos sind u deshalb in den meisten Pilzbüchern nicht vorkommen.

Erläuterungen zu den Farbfotos und Steckbrieftexten

Farbfotos und Beschreibungstexte (Steckbriefe) stehen einan auf einer Doppelseite gegenüber; das Farbfoto und der zugehör Steckbrief tragen dieselbe Nummer.
In den Steckbrieftexten finden Sie alle wichtigen Angaben, die nen in Ergänzung zum farbigen Bestimmungsfoto das Erken ermöglichen. Dem deutschen Namen des Pilzes folgt der late sche nach der neuesten botanischen Nomenklatur. Das charakt stische Erscheinungsbild eines jeden Pilzes wird, gegliedert n **Hut, Lamellen, Röhren (Poren), Stiel, Fleisch,** Farbe des **Spo pulvers** und **Vorkommen,** ausführlich beschrieben. Bei Spe pilzen folgen Tips zur **Verwertung.** Vielfach werden auch n

usätzliche Informationen über Genießbarkeit, Giftgehalt oder in-
ɛressante botanische Einzelheiten gegeben. Unter dem Stichwort **hnliche Arten** finden Sie Hinweise auf verwandte, ähnlich ausse-
ende und zum Teil an anderer Stelle abgebildete Pilze. Auf die
ngabe der Erscheinungszeit wurde bei allen Pilzen, die in der
auptpilzzeit von Juli bis Oktober wachsen, verzichtet. Bei Pilzen,
e früher oder später wachsen, ist die Zeit hingegen vermerkt. Da
as Verbreitungsgebiet der einzelnen Pilzarten noch zu wenig be-
annt ist, werden hierzu meist nur allgemeine Angaben gemacht.

Die Zeichen bei den Pilznamen bedeuten:

- [S] Guter und empfehlenswerter Speisepilz
- [G] Genießbarer Pilz, aber von geringerer Qualität
- ○ Ungenießbarer Pilz, der unangenehm schmeckt oder sogar Magen-Darmbeschwerden auslösen kann.
- [†] Giftiger Pilz, darf für Speisezwecke nicht verwendet werden.
- ■† Giftpilz, der Gesundheitsschäden verursachen oder tödlich wirken kann.
- ▽ Pilze, die nach der Roten Liste der gefährdeten Pilze der Bundesrepublik Deutschland gefährdet oder vom Aussterben bedroht sind und deshalb unbedingt geschont werden müssen.

ichtige Hinweise zur Pilzbestimmung

i vielen Pilzen sind die äußerlichen Merkmale sehr veränderlich
d nicht immer eindeutig festzulegen. Deshalb erfordert eine si-
ɛre und exakte Pilzbestimmung Gewissenhaftigkeit und genaue-
Beobachtung eines jeden Merkmals. Dabei müssen Sie folgen-
Grundregeln unbedingt beachten:
Die Pilze vorsichtig aus dem Boden heben und möglichst wenig
berühren; stets mehrere Fruchtkörper verschiedenen Alters
ammeln und vergleichen. Einzelne Fruchtkörper sind häufig
ınbestimmbar!
Venn Sie im Pilzführer die passende Abbildung zum Pilz gefun-
len haben, vergleichen Sie sorgfältig jedes einzelne Merkmal
es Steckbriefs mit dem Pilz. Paßt auch nur ein Merkmal nicht,
nüssen Sie vorsichtshalber davon ausgehen, daß es nicht der ab-
ebildete und beschriebene Pilz ist.
uch einen zweifelsfrei bestimmten, genießbaren Pilz sollten Sie
ir Speisezwecke erst dann verwenden, wenn er Ihnen in allen
rscheinungsformen bekannt ist. Nur so können Sie sich vor
ner Vergiftung schützen.
bung macht den Meister! Beginnen Sie mit leichter bestimm-
aren Pilzgruppen, zum Beispiel den Röhrlingen, und üben Sie
it Ihnen schon bekannten Arten.
ollen Sie ganz sicher gehen, so lassen Sie Ihre Pilzbestimmun-
ɛn von anerkannten Pilzberatern bestätigen.

6. Machen Sie sich mit den Merkmalen der Röhren- und Blätter pilze, die im Anhang auf Seite 240 ff beschrieben und zeichne risch dargestellt sind, gründlich vertraut. Hut-, Stiel- und Lamel lenformen werden auf den Umschlaginnenseiten durch Zeich nungen erläutert. Dort finden Sie auch einen Zentimeterstreifen der Ihnen den Größenvergleich an Ort und Stelle ermöglicht.

Die Pilzgruppen und ihre Kennfarben

Kenn-farbe	Pilzgruppe	Seiten
	Unter der grünen Kennfarbe finden Sie Röhrenpilze und Porlinge; Pilze mit deutlich erkennbarem Hut und Stiel, mit einer Röhren- oder Porenschicht auf der Unterseite.	8–31
	Unter der weißen Kennfarbe finden Sie Lamellenpilze mit Hut und unberingtem oder völlig fehlendem Stiel sowie hellen Lamellen auf der Hutunterseite.	32–79
	Unter der violetten Kennfarbe finden Sie Lamellenpilze mit Hut und deutlich beringtem Stiel.	80–10
	Unter der gelben Kennfarbe finden Sie Lamellenpilze mit Hut, unberingtem Stiel und dunklen Lamellen.	102–14
	Unter der blauen Kennfarbe finden Sie Täublinge und Milchlinge mit Hut, Lamellen, Stiel und brüchigem Stielfleisch.	144–17
	Unter der roten Kennfarbe finden Sie Pilze verschiedensten Aussehens, die nicht zu den anderen fünf Gruppen gehören.	176–2

Ausnahmen von der Regel

Pilze mit gelben oder blauen Lamellen wurden, je nachdem, sie weißes oder braunes Sporenpulver besitzen, zu den hell- o dunkelblättrigen Lamellenpilzen gestellt. Die Überprüfung bei allen Steckbriefen der Röhren- und Lamellenpilze angege nen Sporenpulverfarbe (siehe Seite 241) sichert das Bestimmun ergebnis. Auch bei einigen Pilzen, deren Lamellen später br flecken oder erst bei Sporenreife dunkler werden, kann die S renprobe von Nutzen sein. Unter den beringten Lamellenpil gibt es häufig Arten mit undeutlichem oder früh abfallendem R Um in diesen Fällen Fehler möglichst zu vermeiden, ent ten viele Steckbriefe Hinweise auf ähnliche Arten.

Die farbig gekennzeichneten Hauptgruppen werden durch die folgenden **Symbole in den Griffmarken** weiter untergliedert:

Symbol	Pilzgruppe	Seiten
	Röhrenpilze mit ablösbarer Röhrenschicht	8–27
	Porlinge mit Hut, Stiel und nicht ablösbaren Poren	28–31
	Lamellenpilze mit seitlich ansitzendem oder fehlendem Stiel	32–33
	Kleine Lamellenpilze ohne Ring, Hutdurchmesser unter 5 cm, Stieldicke unter 8 mm	34–55 102–115
	Größere Lamellenpilze ohne Ring, Hutdurchmesser über 5 cm, Stieldicke über 8 mm	56–79 116–143
	Einzeln oder büschelig wachsende Lamellenpilze mit deutlichem Ring	80–101
	Täublinge und Milchlinge mit brüchigem, nicht faserndem Stielfleisch	144–175
	Konsolenförmige, an Holz wachsende, zähe oder harte Pilze mit oder ohne Poren	176–187
	Korallenpilze	188–195
	Keulenpilze	196–197
	Leistenpilze	198–199
	Stachelpilze	200–201
	Boviste (Stäublinge)	202–207
	Erdsterne	208–209
	Gallertpilze, gewundene stiellose und biegsame Fruchtkörper, an Holz wachsend	212–215
	Morcheln und Lorcheln	216–221
	Becherlinge mit becher- oder schüsselförmigen Fruchtkörpern	222–229

1 Steinpilz, Herrenpilz S

Boletus edulis

Hut: polsterförmig gewölbt; blaß rot- bis kastanienbraun, seltener braunschwarz, etwas klebrig glänzend; bis 20 cm breit. **Röhren:** jung weißgrau, später gelb, alt olivgrün; um den Stiel ausgebuchtet. **Stiel:** blaß braunrot marmoriert, besonders an der Spitze mit feiner, engmaschiger Netzzeichnung; derb bauchig-knollig, später schlanker. **Fleisch:** weiß, nicht verfärbend; mit mildem, nußartigem Geschmack und angenehmem Geruch. Sporenpulver olivbraun. **Vorkommen:** in Nadelwäldern, besonders unter Fichten und Kiefern; in Gebirgsgegenden häufig, durch übermäßiges Sammeln vor allem in der Nähe von Großstädten zunehmend seltener. **Verwertung:** wegen seines angenehmen Geschmacks für alle Zubereitungsarten, auch zum Trocknen geeignet.

Ähnliche Arten: Verwechslungsgefahr mit dem bitteren Gallenröhrling.

2 Sommersteinpilz S

Boletus reticulatus

Hut: hell leder- bis graubraun; meist trocken und samtig, nicht selten fein felderig-rissig, sonst wie beim Steinpilz. **Röhren:** jung weißgrau, später gelb, alt olivgrün. **Stiel:** jung mit heller, alt etwas dunklerer und meist bis zum Grund reichender Netzzeichnung; jung derb knollig, später schlank. **Fleisch:** weiß, nicht verfärbend, milder Geschmack. Sporenpulver olivbraun. **Vorkommen:** in Laubwäldern bei Eichen und Buchen, oft schon ab Frühsommer; nicht selten. **Verwertung:** wie beim Steinpilz.

3 Kiefernsteinpilz G V

Boletus pinophilus

Hut: dunkel kastanien- bis schwarzbraun, etwas klebrig glänzend; bis 25 cm breit, sonst wie beim Steinpilz. **Röhren:** jung hellgrau, später gelb, al[t] olivgrün. **Stiel:** wie der Hu[t] dunkel rotbraun gefärbt, mi[t] deutlicher feiner Netzzeich[-]nung; derb keulig-bauchig[,] später auch schlanker. **Fleisch:** weiß, nicht verfärbend; mi[l]der Geschmack. Sporenpulve[r] olivbraun. **Vorkommen:** unte[r] Kiefern, seltener Weißtannen[,] vor allem im Gebirge und i[n] Nordeuropa; ziemlich selten[,] aber dann mitunter in große[r] Zahl auftretend.

4 Gallenröhrling G

Tylopilus felleus

Hut: polsterförmig gewölb[t;] gelb- oder rötlichbraun; ma[tt] und feinfilzig, kaum schmierig[;] meist 6–10, selten über 20 c[m] breit. **Röhren:** jung grauwei[ß,] später hellrosa, niemals ge[lb] oder grün! **Stiel:** meist lang un[d] schlank mit bauchig-knollige[m] Grund und einem grobmasch[i]gen und tief grubigen, dunkl[en] Netz. **Fleisch:** weiß, nicht ve[r]färbend; sehr bitterer G[e]schmack. Sporenpulver ros[a]braun. **Vorkommen:** in Nad[el]wäldern, meist häufig; i[m] Jungzustand einem Steinp[ilz] oft täuschend ähnlich, doch [an] dem dunklen Stielnetz und d[en] später rosafarbenen Röhr[en] leicht zu unterscheiden; [in] Zweifelsfällen genügt eine G[e]schmacksprobe des rohen Fl[ei]sches.

Der Gallenröhrling enthält g[e]ringe, unschädliche Meng[en] des Pilzgiftes Muscarin und [ist] wegen seiner Bitterkeit un[ge]nießbar.

1

links
2

rechts
3

4

5 Glattstieliger Hexenröhrling

G V

Boletus queletii

Hut: konvex, später abflachend; wie beim Netzstieligen Hexenröhrling oliv- oder rötlichbraun, selten auch dunkelrot gefärbt. **Röhren:** gelb, bei Anschnitt blauend, an den Mündungen goldgelb bis orangerot. **Stiel:** blaß goldgelb, gegen den Grund etwas stärker rötlich und oft schlanker; glatt, ohne Flocken und ohne Netzzeichnung, aber unter einer Lupe feinst samtig punktiert. **Fleisch:** gelb, alt fast weiß, im Stielgrund meist dunkel wein- bis blutrot, etwas blauend; leicht säuerlicher Geschmack; Sporenpulver oliv. **Vorkommen:** ziemlich selten; in Laubwäldern, meist unter Buchen, nicht im Gebirge; eßbar, sollte allerdings wegen seiner Seltenheit geschont werden.

6 Flockenstieliger Hexenröhrling

S

Boletus erythropus

Hut: jung halbkugelig, später polsterförmig gewölbt oder flach werdend; dunkel grau- bis schwarzbraun; feinfilzig, feucht etwas schmierig. **Röhren:** gelb, später oliv, beim Anschneiden sofort schwarzblaue Verfärbung, an den Mündungen dunkel karminrot und bei Berührung blau anlaufend, erst ganz alt mit einem Oliv-Beiton. **Stiel:** ziemlich schlank mit bauchig-knolliger Basis; auf orangegelbem Grund dicht mit feinen, karminroten Flöckchen bedeckt; bei Berührung sofort blauschwarz anlaufend. **Fleisch:** gelb, im Anschnitt sofort dunkelblau, später wieder verblassend, milder Geschmack; Sporenpulver olivbraun. **Vorkommen:** in Laub- und Nadelwäldern auf saueren Böden, insbesondere zusammen mit Heidelbeeren, im Gebirge häufiger. **Verwertung:** Zum Kochen und Braten, nicht zum Trocknen geeignet.

7 Netzstieliger Hexenröhrling

C

Boletus luridus

Hut: jung halbkugelig, späte[r] konvex bis fast flach; hell oliv[-] braun, gelegentlich auch mi[t] gelben oder rosafarbenen bi[s] rotbraunen Tönen; bis 20 cm breit. **Röhren:** jung gelb, a[lt] oliv, an den Mündungen bal[d] orangerot und bei Druck grün[-] blau anlaufend, darüber in Hutfleisch eine weinrote Linie. **Stiel:** ziemlich schlank mit keu[-] ligem Grund; zitronen- bi[s] orangegelb mit langgezoge[-] nem, rotbraunem, alt dunk[el-] graubraunem Netz, bei Druc[k] stark blauend. **Fleisch:** gelb, i[m] Stielgrund dunkelrot, beim An[-] schnitt blau verfärbend, doc[h] nach einiger Zeit wieder ve[r-] blassend, milder Geschmac[k;] Sporenpulver olivbraun. **Vo[r-] kommen:** ab Juni in Laub- un[d] Nadelwäldern, vor allem unt[er] Buchen häufig.

Der Pilz wird häufig gegesse[n,] löst jedoch gelegentlich, insb[e-] sondere bei ungenügend g[e-] kochten Gerichten, leichte Ve[r-] giftungen aus. Er enthält auß[er-] dem in geringer, kaum wirks[a-] mer Menge das Pilzgift *Musc[a-] rin*.

Die Blauverfärbung des Fl[ei-] sches tritt bei vielen Röhrling[en] auf und läßt keinesfalls Schl[üs-] se auf die Genießbarkeit ei[nes] Pilzes zu.

5

6

7

8 Satanspilz

Boletus satanas
Hut: jung regelmäßig halbkugelig bis konvex, später oft verbogen und abgeflacht; anfangs grau, später graugelb bis hell lederocker; bis über 25 cm breit. **Röhren:** gelb, an den Mündungen bald orange- bis satt karminrot, bei Druck leicht grünblau anlaufend. **Stiel:** kurz und derb keulig-knollig; gelb, in der unteren Hälfte mit karminroter Tönung, seltener ganz rot oder ganz gelb; im oberen Teil mit einer feinen Netzzeichnung. **Fleisch:** gelblichweiß, bei Anschnitt langsam blauend; zunächst geruchlos, bei älteren Fruchtkörpern unangenehm aasartig stinkend. Sporenpulver oliv. **Vorkommen:** unter Buchen auf Kalkböden, vorwiegend an sonnigen Stellen; selten, jedoch manchmal in großer Zahl; nicht gefährlich giftig, verursacht aber einige Tage anhaltende Magen-Darmstörungen.

9 Rosahütiger Röhrling

Boletus rhodoxanthus
Hut: anfangs konvex, bald polsterförmig; am Scheitel meist weißgrau bis blaß ledergelblich, vom Rand her langsam schön rosa verfärbend; bis über 20 cm breit. **Röhren:** gelb, alt gelbgrün, an den Mündungen dunkel karminrot, laufen beim Anschneiden blau an. **Stiel:** nur jung bauchig, sonst meist ziemlich schlank; auf gelbem Grund mit einem dichten, engmaschigen, karminroten Netz. **Fleisch:** leuchtend zitronengelb, im Anschnitt sofort blauend; milder Geschmack; Sporenpulver oliv. **Vorkommen:** in warmen Laubwäldern auf Kalkböden, vorwiegend unter Eichen und Buchen, selten; eßbar, sollte aber wegen seiner Seltenheit nicht gesammelt werden; dürfte der farbenprächtigste Pilz Europas sein.
Ähnliche Arten: Der Dunkle Purpurröhrling *(Boletus splendidus)* wächst an ähnlichen Standorten, hat aber insgesamt dunklere Farben und einen anfangs mausgrauen, später vom Rand her karmin- bis weinrot verfärbenden Hut.

10 Weinroter Purpurröhrling

Boletus rhodopurpureus
Hut: polsterförmig; jung grau oder graubraun, später vom Rand her rot oder dunkelpurpur verfärbend; bis 12 cm breit. **Röhren:** im Anschnitt zunächs gelb, dann dunkelblau anlau fend, auf den Mündungen sat purpurrot. **Stiel:** in der Rege schlank, aber im Verhältni zum Hut ziemlich kurz, gele gentlich derb knollig; auf dun kelgelbem Grund mit dunke blutroter, sehr dichter Netz zeichnung. **Fleisch:** hellgelb, in Anschnitt blauend; Sporenpul ver olivbraun. **Vorkommen:** in Nadelwald, meist bei Weißtan nen oder Fichten auf kalkhalt gen Böden, vorwiegend im Ge birge.
Ähnliche Arten: In den wärm sten Gegenden Mitteleuropa und in Südeuropa wächst unt Eichen der gleichmäßig dunk blutrot gefärbte Dupains H xenröhrling *(Boletus dupaini*

8

9

10

11 Schönfußröhrling

Boletus calopus

Hut: breit polsterförmig; hell olivgrau, später hell graubraun; bis 15 cm breit. **Röhren:** hellgelb, alt oliv, bei Druck blauend; englöcherig. **Stiel:** keulig-knollig, aber auch schlank; besonders im unteren Teil kräftig karminrot, sonst gelb mit feinmaschiger Netzzeichnung. **Fleisch:** gelblichweiß, im Anschnitt ziemlich stark blauend, meist bitter, selten auch mild im Geschmack. Sporenpulver hell olivocker. **Vorkommen:** in Nadel- und Mischwäldern häufig, vorwiegend im Bergland; wegen seiner Bitterkeit nicht genießbar; löst Magen-Darmbeschwerden aus.

12 Wurzelnder Bitterröhrling

Boletus radicans

Hut: gleichmäßig konvex, sehr dickfleischig; hellgrau, alt lederfarben mit am Rand überstehender Huthaut; bis 15 cm breit. **Röhren:** zitronengelb, bei Druck blauend; englöcherig. **Stiel:** kurz und dickbauchig, seltener auch keulig; zitronengelb, oben mit einem engmaschigen, gleichfarbigen Netz; am Grund mit einem kurz zuspitzenden, wurzelartigen Anhängsel. **Fleisch:** gelblichweiß, im Anschnitt blauend, ziemlich bitter, deshalb ungenießbar; Sporenpulver oliv. **Vorkommen:** unter Eichen und Rotbuchen auf Kalkböden, oft zusammen mit dem Satanspilz; sehr selten und sollte deshalb geschont werden.
Ähnliche Arten: Der sehr seltene Fahle Röhrling *(Boletus impolitus)* wächst unter Eichen und ist in der Farbe täuschend ähnlich, hat aber einen schlankeren Stiel ohne Netzzeichnung und ein im Geschmack mildes Fleisch.

13 Sommerröhrling

Boletus fechtneri

Hut: konvex, dann polsterför mig; silbergrau, später etwas le der-ockerlich; bis 15 cm breit **Röhren:** hellgelb wie beim Bit terröhrling. **Stiel:** wie beim Bit terröhrling gelb mit gleichfarbi ger, feiner Netzzeichnung, abe häufig in der Stielmitte mi karminroter Tönung; nich wurzelnd. **Fleisch:** gelblich weiß, im Anschnitt blau bi grünblau anlaufend, milde Geschmack; Sporenpulve oliv. **Vorkommen:** in warme Laubwäldern auf Kalkböder gelegentlich zusammen mit a deren seltenen Röhrlingen; se ten und sollte trotz seine Wohlgeschmacks nicht gesan melt werden.

14 Erlengrübling

Gyrodon lividus

Hut: jung konvex, später fla und stark verbogen; anfan hell strohfarben, dann schmu zig graubraun und stark bra fleckend, schmierig; bis 15 c breit, meist aber kleiner. **Rö ren:** schön zitronengelb, w am Stiel herablaufend, bei B rührung sofort schwarzbl verfärbend. **Stiel:** schlank u zylindrisch mit zugespitzte Grund; gelb mit schmutzig r braunen Flecken. **Fleisch:** ge lichweiß, im Anschnitt sta blauend, im Hut sehr wei Sporenpulver braun. **Vorko men:** nur unter Erlen, meist feuchten Stellen, gelegentl in Hexenringen.

11

links
12
rechts
13

14

15 Maronenröhrling S

Xerocomus badius

Hut: jung konvex, später flach; dunkel kastanienbraun; fein samtig, bei feuchtem Wetter schleimig; meist 8–12, selten bis 25 cm breit. **Röhren:** jung blaß grüngelb, bald hellgrünlich, alt olivgrün, bei Druck grünblau anlaufend. **Stiel:** schlank, gelegentlich aber auch bauchig; auf schmutziggelbem Grund kastanienbraun marmoriert, ohne Netzzeichnung; festfleischig. **Fleisch:** gelblichweiß, im Anschnitt langsam blau verfärbend, nach einiger Zeit wieder verblassend, milder Geschmack; Sporenpulver olivbraun. **Vorkommen:** in Nadelwäldern, besonders im Hochwald unter Fichten und Kiefern; sehr häufig. **Verwertung:** eignet sich für alle Gerichte, wird beim Kochen aber etwas schleimig; getrocknet ein hervorragender Würzpilz.
Ähnliche Arten: Der Braune Filzröhrling *(Xerocomus spadiceus)* hat lebhaft goldgelbe Röhren und einen grob längsgerippten Stiel und ist vermutlich nur eine besondere Wuchsform der Ziegenlippe.

16 Ziegenlippe S

Xerocomus subtomentosus

Hut: konvex, alt flach; hell olivbraun; feinfilzig, niemals schmierig; bis 10 cm breit. **Röhren:** schön chromgelb, bei Druck gelegentlich blau verfärbend, meist aber unveränderlich; weitlöcherig. **Stiel:** lang und schlank; blaß rotbräunlich marmoriert. **Fleisch:** hellgelb, oft blauend, milder Geschmack; Sporenpulver bräunlich-oliv. **Vorkommen:** auf sauerem Nadelwaldboden, meist bei Heidelbeeren, weit verbreitet. **Verwertung:** zun Kochen, Braten und Trockne gleichermaßen zu empfehlen

17 Rotfußröhrling S

Xerocomus chrysenteron

Hut: konvex, später flach un verbogen; jung dunkel oliv braun, bald hell graubraun un felderig-rissig werdend, be Verletzung hell kirschrot ve färbend; fein samtig oder be reift, nie schmierig; bis 8 cı breit. **Röhren:** hellgelb, b Druck manchmal blauend; e was weitlöcherig. **Stiel:** lar und schlank; hellgelb, häuf mit kirschroten Farben, beso ders in der Stielmitte, nicht se ten rotflockig, bei Herbstfo men auch reingelb. **Fleisc** hellgelb, nicht selten blauen im Hut sehr weich und ras faulend; Sporenpulver bräu lich-oliv. **Vorkommen:** in Lau und Nadelwäldern; sehr hä fig. **Verwertung:** Junge Pil sind wohlschmeckend u auch zum Trocknen geeign werden aber beim Koch leicht schleimig; ausgewachs ne Exemplare sind geschmac los und faulen schnell.

18 Roter Filzröhrling

Xerocomus rubellus

Hut: in Größe und Form vö dem Rotfußröhrling glei aber lebhaft kirschrot. **Röhr** wie beim Rotfußröhrling bl gelb. **Stiel:** blaßgelb, mitur mit rötlichen Farben oder F ken. **Fleisch:** gelb, weich, Anschnitt meist blauend; S renpulver olivbraun. **Vorko men:** in Laub- und Mischv dern, scharenweise und oft sammen mit dem Rotfußrö ling; aber ziemlich selten.

15

links
16

rechts
17

18

19 Pfefferröhrling ○

Boletus piperatus

Hut: konvex; kupferrotbraun; feucht etwas klebrig; nur bis 6 cm breit. **Röhren:** kupferrotbraun; weitlöcherig. **Stiel:** schlank; kupferrotbraun. **Fleisch:** im Hut blaß rötlichbraun, im Stiel schwefelgelb; sehr scharfer Geschmack; Sporenpulver zimtbraun. **Vorkommen:** im Nadelwald, häufig. **Verwertung:** wegen seiner Schärfe ungenießbar, kann jedoch getrocknet als Würzpilz verwendet werden.

20 Schmarotzer-röhrling ○ ▽

Xerocomus parasiticus

Hut: erst halbkugelig, dann flach; gelbbraun, später dunkler; filzig; bis 5 cm breit. **Röhren:** blaßgelb, später hell olivbraun. **Stiel:** blaßgelb oder oliv; etwas flockig. **Fleisch:** blaßgelb; milder Geschmack; Sporenpulver dunkeloliv. **Vorkommen:** ausschließlich an faulenden Kartoffelbovisten; selten; sollte geschont werden.

21 Schwarzblauender Röhrling [G]

Boletus pulverulentus

Hut: konvex, alt auch flach; dunkel rotbraun, alt etwas aufhellend; feinfilzig, nicht schmierig; bis 8 cm breit. **Röhren:** hell- bis olivgelb, bei Berührung sofort schwarzblau anlaufend. **Stiel:** lang und schlank; gelb oder rotbraun flockig. **Fleisch:** gelb, im Anschnitt sofort blauschwarz anlaufend, milder Geschmack; Sporenpulver oliv. **Vorkommen:** in Laub- und Mischwäldern, besonders bei Buchen und Eichen; ziemlich selten.

22 Sandröhrling [G

Suillus variegatus

Hut: konvex, später flach; he gelbbraun; fein körnig-filzig bis 10 cm breit. **Röhren:** oliv gelb mit dunkel olivbraune englöcherigen Poren. **Stiel** stroh-ocker bis orangegelb fleckig und feinfilzig. **Fleisch** gelblich, im Anschnitt mei schwach blauend, milder Ge schmack; Sporenpulver oli **Vorkommen:** nur unter Kie fern, besonders auf sandige Böden bei Heidelbeeren; häu fig.

23 Hasenröhrling [G] ▽

Gyroporus castaneus

Hut: jung konvex, bald flac gelb- bis ockerbraun; samti bis 8 cm breit. **Röhren:** ju weiß, später hellgelb, bra fleckend; um den Stiel ausg buchtet. **Stiel:** schlank; r braun und feinsamtig; alt ho **Fleisch:** weiß; milder G schmack; Sporenpulver ge **Vorkommen:** in Laub- und N delwäldern, auf Wiesen, n auf kalkarmen Böden; selt sollte geschont werden.

24 Kirschroter Goldröhrling [G]

Pulveroboletus gentilis

Hut: halbkugelig bis konv hell rötlichbraun, auch fleis rosa oder kirschrot; feu schleimig; nur 2–4 cm br **Röhren:** leuchtend chromge sehr weitlöcherig. **Stiel:** g stellenweise auch rötlichbra etwas schmierig. **Fleisch:** g lichweiß; milder Geschma Sporenpulver oliv. **Vork men:** in Laubwäldern, auch Grund lebender Bäume; se und sollte geschont werden

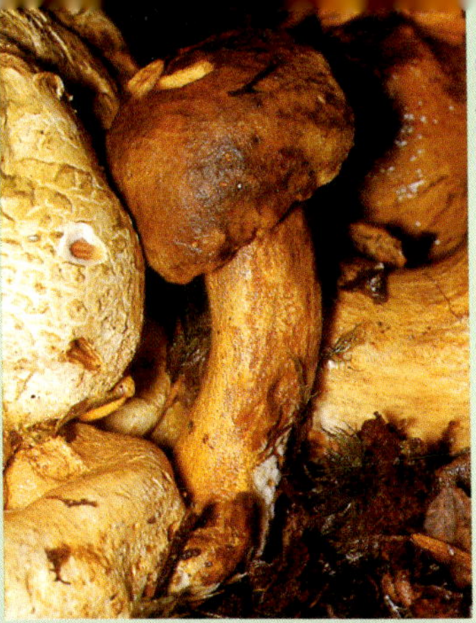

links
19

rechts
20

links
21

rechts
22

links
23

rechts
24

25 Goldröhrling G

Suillus grevillei

Hut: jung konvex, später ausgebreitet, alt auch flach; leuchtend orange- oder rotbraun, seltener gelb; stark schmierig, weichfleischig; bis 12 cm breit. **Röhren:** blaßgelb, später olivgelb; sehr englöcherig; am Stiel gerade angewachsen. **Stiel:** schlank; wie der Hut orangebraun gefärbt; an der Spitze schwach netzig, jung mit einem die Röhren bedeckenden, schleimigen, später verschwindenden, gelben Ring. **Fleisch:** durchgefärbt hellgelb; sehr wässerig; milder Geschmack; Sporenpulver olivocker bis goldbraun. **Vorkommen:** nur unter Lärchen, vor allem im Gebirge, oft massenhaft auftretend.

26 Grauer Lärchenröhrling G

Suillus viscidus

Hut: jung halbkugelig, später konvex bis flach; weißgrau, dann dunkler, alt fleckend, schleimig-schmierig; bis 12 cm breit. **Röhren:** weiß, später grau, bei Druck fleckend; weitlöcheriger als beim Goldröhrling; an den Mündungen oft zackig vorspringend, am Stiel gerade angewachsen oder etwas herablaufend. **Stiel:** graugelb; mit einem schleimigen, angedeuteten, am ausgewachsenen Pilz oft nicht mehr erkennbaren Ring. **Fleisch:** weißgrau, im Stiel auch gelblich, etwas grauend; sehr weich; milder Geschmack; Sporenpulver tonfarben. **Vorkommen:** nur unter Lärchen, vorwiegend im Gebirge; oft zusammen mit dem Goldröhrling, aber nicht so häufig.

27 Rostroter Lärchenröhrling G

Suillus tridentinus

Hut: konvex; orange-rost
braun, seltener gelb; schleimig
klebrig und oft mit dunkelbrau
nen Schuppen oder Fasern be
deckt; bis 12 cm breit. **Röhren**
jung gelb, später leuchten
orange; am Stiel gerade ange
wachsen; Poren deutlich wei
löcheriger als beim Goldröhr
ling. **Stiel:** schlank; wie der Hu
rostorange gefärbt; mit einer
angedeuteten, schleimige
bald verschwindenden, gelb
lichweißen Ring. **Fleisch:** zitro
nengelb; milder Geschmack
Sporenpulver oliv-bräunlich
Vorkommen: nur unter Lä
chen, vor allem im Gebirge au
Kalkböden; zusammen m
den übrigen Lärchenröhrli
gen, aber seltener.

28 Hohlfußröhrling

Boletinus cavipes

Hut: jung konvex, später fla
und oft mit kleinem Buckel; k
stanienbraun filzig-schupp
seltener auch schön gelb; b
12 cm breit. **Röhren:** jung ge
später hell olivgrün; Mündu
gen sehr weit und auffalle
zackig vorspringend; mit vo
Stielansatz zum Hutra
durchlaufenden, strahlenf
mig ausgerichteten Querwä
den, am Stiel herablaufe
Stiel: an der Spitze gelb, a
wärts wie der Hut kastani
braun schuppig; mit ein
schwachen, im Alter oft ni
mehr erkennbaren Ring; ho
Fleisch: blaßgelb; geruch
und milder Geschmack; S
renpulver olivocker. **Vork
men:** nur unter Lärchen, im G
birge häufig, sonst seltener.

25

links
26

rechts
27

28

29 Elfenbeinröhrling G V

Suillus placidus

Hut: jung halbkugelig, später konvex; elfenbeinweiß; stark schleimig-schmierig und weichfleischig; bis 10 cm breit. **Röhren:** jung blaß weißgrau, meist mit milchweißen Tropfen, später hell zitronengelb; am Stiel gerade angewachsen; englöcherig. **Stiel:** schlank; elfenbeinweiß, besonders an der Spitze mit grauviolettlichen Flecken und Punkten; ohne Ring; Sporenpulver schmutzigocker. **Fleisch:** gelblichweiß; milder Geschmack. **Vorkommen:** im Hochgebirge unter Zirben, aber auch im Flachland unter angepflanzten Weymouths-Kiefern; selten, sollte geschont werden.

30 Butterpilz G

Suillus luteus

Hut: jung halbkugelig, später konvex, alt auch flach; satt schokoladenbraun, seltener auch gelb- oder graubraun; stark schleimig, trocken glänzend und etwas marmoriert; meist 6–10 cm breit. **Röhren:** jung blaß gelblich, alt hell grünlichgelb, bei Druck nicht verfärbend; englöcherig; am Stiel gerade angewachsen. **Stiel:** an der Spitze gelblich mit dunklen Pünktchen; unterhalb des breiten, schmutzig grauvioletten, später fast völlig verschwindenden Rings mit einem schleimigen, alt braunen Überzug. **Fleisch:** jung weiß, alt gelblich; im Hut sehr weich und wäßrig; milder Geschmack; Sporenpulver rostbraun. **Vorkommen:** nur unter Kiefern, häufig zusammen mit anderen ebenfalls an Kiefern gebundenen Röhrlingen.

31 Schmerling, Körnchenröhrling G

Suillus granulatus

Hut: anfangs halbkugelig dann konvex oder flach; hel gelb- bis orangebraun; stark schleimig und sehr weichflei schig; bis 10 cm breit. **Röhren** jung blaßgelb, alt hell olivgelb oder -bräunlich; englöcherig am Stiel meist gerade ange wachsen; jung oft mit milchi gen Tropfen. **Stiel:** gelblich weiß; ohne Ring; an der Spitz jung mit Wassertropfen, späte mit dunkleren Pünktcher **Fleisch:** gelblichweiß, nich verfärbend; sehr weich, milde Geschmack. Sporenpulver ok kergelb. **Vorkommen:** unte verschiedenen Kiefernarten ge sellig und oft scharenweise.

32 Kuhröhrling

Suillus bovinus

Hut: jung konvex, später auc flach und häufig unregelmäß verbogen, mitunter etwas tric terförmig; kupferrotbrau stark schmierig; meist 3–6, s ten bis über 10 cm breit. **Rö ren:** jung graugelb, später ku ferfarben, alt mit Olivton; a fallend unregelmäßig weit cherig und alt an den Mündu gen zackig vorspringend; Stiel gerade angewachsen o etwas herablaufend. **Stiel:** der Hut gefärbt; sehr fein fl kig, später kahl; ohne Ri **Fleisch:** blaß gelblich o bräunlich, im Anschnitt oft was rötlich anlaufend; Spor pulver blaßbraun mit Olivt **Vorkommen:** nur unter K fern, oft scharenweise u nicht selten in Büscheln; v wiegend an Waldrändern -wegen, oft auch in Mooren

29

links
30
rechts
31

32

33 Birkenpilz S

Leccinum scabrum

Hut: jung halbkugelig, später meist regelmäßig konvex; blaßgrau über graubraun bis dunkel mausgrau, gelegentlich auch rötlichbraun; ziemlich dickfleischig, alt weich; Oberfläche jung fein filzig und feucht etwas schmierig; bis 12 cm breit. **Röhren:** jung weißgrau, später graubraun und bei Druck nicht fleckend; um den Stiel tief ausgebuchtet. **Stiel:** weißgrau, auf ganzer Länge dicht mit hellgrauen Schüppchen bedeckt; ziemlich lang und schlank, mit etwas verdicktem Grund. **Fleisch:** weißgrau, im Anschnitt gelegentlich rosa oder besonders in der Stielbasis grünblau anlaufend; geruchlos und milder Geschmack. Sporenpulver braun. **Vorkommen:** nur unter Birken innerhalb und außerhalb von Wäldern; meist häufig. **Verwertung:** Junge, festfleischige Pilze sind sehr wohlschmeckend, werden aber beim Kochen grau und etwas schleimig. Trocknen ist nicht zu empfehlen.

34 Hainbuchenröhrling S

Leccinum griseum

Hut: konvex; meist graubraun, aber auch hell- oder olivbraun; fein bereift und häufig mit kleinen Runzeln und Grübchen; bis 15 cm breit. **Röhren:** wie beim Birkenpilz; jung hell graubraun, alt schmutzig gelbgrau. **Stiel:** wie beim Birkenpilz, aber meist mit schwachen Längsrippen. **Fleisch:** schmutzigweiß, besonders im Stiel im Anschnitt langsam grauviolett anlaufend, milder Geschmack; Sporenpulver tabakbraun. **Vorkommen:** nur unter Hainbuchen, meist in kleineren Gruppen, nicht selten. **Verwertung:** wie beim Birkenpilz.

35 Eichen-Rotkappe G

Leccinum quercinum

Hut: in Form und Farbe de Heide-Rotkappe sehr ähnlich aber mehr mit orangeroten bis aprikosengelben Tönen; bis 25 cm breit. **Röhren:** jung weiß später grau oder etwas grau gelb. **Stiel:** wie bei der Heide Rotkappe, aber mit orange braunen, erst später braunro bis fast schwarzen Schüpp chen. **Fleisch:** weißgrau, im An schnitt rötend, zuletzt grauvio lett werdend; Sporenpulve braun. **Vorkommen:** nur unte Eichen, ziemlich selten. **Ähnliche Arten:** Die Pappe Rotkappe (*Leccinum rufum* mit heller orangebraunem Hu kupferrotbraunen Stielschup pen; wächst nur unter Zitte pappeln.

36 Heide-Rotkappe [

Leccinum versipelle

Hut: breit konvex; leuchten rotbraun, ziegelrot oder ora gebraun; feinfilzig, mit a Rand überstehender Huthau bis 20 cm breit. **Röhren:** ju weißgrau, später hell graue ker; um den Stiel grabenar vertieft. **Stiel:** auf weiße Grund dicht mit schwarz Schüppchen bekleidet; me lang und schlank, alt am Gru auch etwas keulig; festfl schig. **Fleisch:** weiß bis rosa, Anschnitt besonders im St grünblau verfärbend; Spor pulver braun. **Vorkommen:** unter Birken, oft zusammen dem Birkenpilz; häufig, in Alpen sehr selten. **Verwertu** wie beim Birkenpilz; wird be Kochen schwarz.

33

links
34
rechts
35

36

37 Strubbelkopfröhrling ○

Strobilomyces strobilaceus

Hut: anfangs konvex, später flach; dunkel graubraun bis fast schwarz; dicht mit grobscholligen, am Scheitel aufgerichteten, gegen den Rand oft dachziegelartig übereinanderliegenden, sehr weichen, grauen, an der Spitze schwarzen Schuppen bedeckt; jung am Rand stark grau wollig; meist 6–12, selten über 20 cm breit. **Röhren:** weißgrau, bei Druck dunkel verfärbend; weitlöcherig. **Stiel:** grau wollig-schuppig, bei Berührung schwarzgrau anlaufend; lang und dünn, sehr fest. **Fleisch:** weißgrau, bei Druck schmutzig rötlich bis schwarzgrau verfärbend; Sporenpulver schwarz; Sporen – im Gegensatz zu allen übrigen Röhrlingen mit elliptischen oder schmal spindelförmigen Sporen – rundlich, mit netzartig gezeichneter Oberfläche. **Vorkommen:** meist einzeln in Laub- und Nadelwäldern, ziemlich selten.

38 Düsterer Röhrling ○

Porphyrellus porphyrosporus

Hut: jung halbkugelig, später konvex bis fast flach; jung hellgrau, bald dunkel tabakbraun bis hell graubraun; Oberfläche matt und glatt, nicht schmierig; ziemlich dickfleischig; meist 8–14 cm breit. **Röhren:** jung hell graugelb, bald graubraun, bei Berührung fleckend; um den Stiel niedergedrückt; meist englöcherig, gelegentlich aber auch ziemlich weitporig und dann Poren bis auf die Hutoberfläche hinaufreichend. **Stiel:** wie der Hut dunkel tabakbraun bis schwarzbraun und fein samtig; ziemlich schlank und dünn. **Fleisch:** weiß, im Anschnitt vor allem über den Röhren schwach grünblau anlaufend, sonst besonders unter der Huthaut langsam rötend; geruchlos und milder Geschmack; Sporenpulver dunkel rötlich. **Vorkommen:** meist in kleineren Gruppen in Laub- und Nadelwäldern, besonders häufig in höheren Lagen.

Ähnliche Arten: Der Pilz hat keine Doppelgänger. Neuerdings ist er in zwei Arten aufgespalten worden. Für die etwas heller gefärbte Art mit langsam rötendem Fleisch werden als Standort die Laubwälder der Ebene angegeben, während die dunklere Form mit über den Röhren blauendem Fleisch im Gebirgsnadelwald zu Hause sein soll. Häufig findet man jedoch beide Formen zusammen und nicht selten verfärbt sich ihr Fleisch zuerst blau und dann rötlich. Eine sichere Trennung der beiden Formen ist daher in der Regel nicht möglich. Der Düstere Röhrling und der Strubbelkopfröhrling besitzen nicht nur von den übrigen Röhrlingen abweichende Sporen, sondern auch Farbstoffe, deren chemische Zusammensetzung anders ist als bei den übrigen Röhrlingen; sie werden deshalb als eigene Familie *(Strobilomycetaceae)* abgetrennt.

37

38

39 Schuppiger Porling

Polyporus squamosus

Hut: jung etwas niedergedrückt mit eingerolltem Rand, alt flach trichterförmig; auf hell ockergelbem Grund mit breiten, dunkelrot- bis kastanienbraunen Schuppen bedeckt; bis über 60 cm breit. **Poren:** weiß; weitlöcherig, in das Hutfleisch eingebohrt und daher nicht ablösbar. **Stiel:** meist seitlich, am Grund dunkelbraun bis schwarz, darüber cremefarben und netzig gezeichnet; sehr kurz und gedrungen. **Fleisch:** weiß; anfangs ziemlich weich, später hart; Sporenpulver weiß. **Vorkommen:** von Mai bis September an lebenden oder abgestorbenen Stämmen und Strünken verschiedener Laubhölzer, meist in größeren Gruppen und gern an sonnigen Stellen, vor allem an Waldrändern und freistehenden Bäumen.

40 Löwengelber Porling

Polyporus leptocephalus

Hut: jung konvex, bald flach und meist unregelmäßig; jung rotbraun, alt hell graugelb; kahl und glatt; meist 2–5 cm breit. **Poren:** weiß, bei Druck etwas bräunend; sehr englöcherig. **Stiel:** wie der Hut hell rotbraun oder gelbbraun mit schwarzem Grund; oft etwas seitlich ansitzend; Sporenpulver weiß. **Vorkommen:** auf Laubholzästen und -strünken; sehr häufig.

Ähnliche Arten: Es gibt zwei weitere Porlinge mit völlig schwarzem Stiel, den Großen Schwarzfußporling *(Polyporus badius)* mit glänzend rotbraunem bis purpurschwarzem, bis 20 cm breitem Hut und den dunkelbraun samtigen, bis 10 cm breiten Kleiner Schwarzfußporling *(Polyporu melanopus)* an toten Wurzel und vergrabenem Laubholz.

41 Winterporling

Polyporus brumalis

Hut: jung konvex, später aus gebreitet oder trichterförmig hasel- bis graubraun; filzig schuppig, alt verkahlend; mei 4–8 cm breit. **Poren:** weiß bi strohblaß; sehr englöcheri am Stiel herablaufend, nich ablösbar. **Stiel:** blaß grau braun, etwas marmoriert, a Grund nicht schwarz. **Fleisc** weiß; sehr zäh, milder G schmack; Sporenpulver wei **Vorkommen:** an verschiedene Laubhölzern; von Novemb bis April.

Ähnliche Arten: Der Maipo ling *(Polyporus lepideus)* h dunklere Farben auf Hut u Stiel und wesentlich engere P ren. Er wächst im Frühsomm auf Laubholzstümpfen. Se winzige, nur mit der Lupe e kennbare Poren hat der a Laubholzästchen wachsen Wimperporling *(Polyporus liatus)*.

42 Wabenporling

Polyporus mori

Hut: wie beim Winterporlin hell ockerbräunlich und f schuppig. **Poren:** weiß; auf lend weit, 2–5 mm groß, b nenwabenartig und stark streckt; um den Stiel ni selten lamellenartig. **Stiel:** h grau schuppig wie beim W terporling; Sporenpulver we **Vorkommen:** auf Laubh ästen, nur in wärmeren Geg den; ziemlich selten und so geschont werden.

39

links
40

rechts
41

42

43 Eichhase ○

Polyporus umbellatus

Fruchtkörper: aus zahlreichen, oft mehreren hundert tiefgenabelten, braunen und fein schuppigen, 1–4 cm großen Hüten zusammengesetzt, die an den Enden eines kräftigen, reichverzweigten Strunkes sitzen; bis zu 40 cm breit und mehrere Kilo schwer. **Poren:** weiß; englöcherig. **Strunk:** weißgrau; aus einem dick knollenförmigen, harten, im Boden vergrabenen Kern (Sklerotium) entspringend. **Fleisch:** weiß; jung ziemlich weich, später zäh. **Vorkommen:** auf Wurzeln alter Buchen und Eichen, oft mehrere Meter vom Stamm entfernt; nach dem Fällen der Bäume oft noch viele Jahre in der Umgebung der Strünke weiterwachsend, ziemlich selten.
Ähnliche Arten: Der Klapperschwamm *(Grifola frondosa)* wächst neben oder an alten Eichen und hat größere, einseitig gestielte, spatelförmige Einzelhüte. Er wird bis zu 50 cm breit. Nahe verwandt ist auch der Riesenporling.

44 Gestielter Filzporling ○

Onnia tomentosa

Hut: jung flach mit stumpfer, abgerundeter und heller, gelblichweißer Kante, später mit leicht vertiefter Mitte und gegen den alt ziemlich scharfkantigen Rand etwas wellig verbogen; mit jung hell gelbbraunem, später mehr rostbraunem, feinem Filz überzogen; ohne kreisförmig verlaufende Zonen; bis 10 cm breit. **Poren:** hellgrau und schwach eckig; ziemlich kurz, nur 1–2 mm tief in das Hutfleisch eingebohrt; am Stiel etwas herablaufend. **Stiel:** dunkelbraun bis fas schwarz; fein filzig; kurz un dick, oft seitlich ansitzenc **Fleisch:** unter der Hutoberflä che ockerbraun, darunter gelb lich; sehr hart und faserig, i Hut zweischichtig. **Vorkom men:** in Nadelwäldern, meis scharenweise und oft mit de Hüten der Nachbarfruchtkör per zusammenlaufend; in hö heren Lagen ziemlich häufi im Tiefland seltener.
Ähnliche Arten: Der Dauerpo ling *(Coltricia perennis)* ist seh ähnlich, hat aber eine schwach kreisförmig gezonte später kahlen Hut und gleic mäßig gefärbtes Hutfleisc Korkstachelinge sind von obe ähnlich, besitzen aber Stache auf der Hutunterseite.

45 Schafporling [G]

Scutiger ovinus

Hut: jung konvex, bald un gelmäßig verbogen; jung gra weiß, bald mit gelblichen oc hell semmelfarbigen Töne bis 6 cm breit. **Poren:** ju weiß, alt etwas gilbend; se englöcherig. **Stiel:** weiß; zie lich kurz, gleich dick und re festfleischig; allmählich in d Hut übergehend. **Fleisch:** ju weiß, später besonders im S zitronengelb verfärbend; j noch ziemlich weich, aber b zäh, milder Geschmack, an nehmer, mandelartiger ruch. **Vorkommen:** scharenv se in Nadelwäldern; vor al in höheren Lagen recht häu
Ähnliche Arten: Der Semr porling *(Scutiger confluens* größer, meist büschelig wachsen und hat von Anf an einen hell orangebrau Hut.

44

45

46 Austernseitling S

Pleurotus ostreatus

Hut: einseitig muschelförmig, mit lang eingerolltem Rand; jung dunkelgrau bis stahlblau, alt aufhellend bis hell lederbraun; kahl mit etwas filzigem Rand; bis 12 cm breit. **Lamellen:** weiß oder hellgrau; schmal und sehr dicht stehend, am Grund oft gabelig verzweigt und am Stiel herablaufend. **Stiel:** weiß; kurz und dick, haarig-zottig. **Fleisch:** weiß, geruchlos und milder Geschmack; Sporenpulver weiß. **Vorkommen:** dicht büschelig an Stümpfen oder lebenden Stämmen verschiedener Laubhölzer, selten an Fichten; Oktober bis März; in den meisten Gegenden ziemlich selten; leicht auf Holz zu züchten; unter der Bezeichnung »Kalbfleischpilz« im Handel. **Verwertung:** zum Braten und Dünsten geeignet; kein Trockenpilz.

47 Milder Zwergknäueling ○

Panellus mitis

Hut: einseitig muschel- bis nierenförmig, mit lang eingerolltem Rand; jung reinweiß, alt mitunter etwas rötlichbraun; dünnfleischig, mit gummiartiger, abziehbarer Haut; bis 2 cm breit. **Lamellen:** weiß; schmal und dicht stehend. **Stiel:** weiß und etwas schuppig-filzig; seitlich dem Hutrand ansitzend; sehr kurz und gedrungen, mit verbreiterter Basis. **Fleisch:** weiß, geruchlos und milder Geschmack; Sporenpulver weiß. **Vorkommen:** an dünnen Ästen verschiedener Nadelhölzer, sehr häufig; vorwiegend von November bis Februar.
Ähnliche Arten: Das Stummelfüßchen *(Crepidotus variabilis)* unterscheidet sich durch hel rostbraune Lamellen und den fast völlig fehlenden Stiel. E wächst im Sommer und Herbs an Laubholzästen.

48 Spaltblättling (

Schizophyllum commune

Hut: einseitig muschelförmi mit schmaler, stielartig zusam mengezogener Ansatzstelle; o wellig-lappig und alt am Ran gerippt; sehr zäh, filzig-haari feucht schmierig; rötlichbrau und undeutlich gezont, trock grauweiß; bis 4 cm breit. **L mellen:** blaß rötlich oder pu purgrau; sehr schmal mit läng spaltiger und bei Feuchtigke umgerollter Schneide; der ei zige bekannte Pilz mit gespalt nen, beweglichen Lamelle **Vorkommen:** ganzjährig an t tem Laub- und Nadelholz, vo wiegend aber von Spätherb bis Frühjahr; sehr häufig.

49 Gelbstieliger Zwergknäueling

Panellus serotinus

Hut: jung halbkugelig, b muschelförmig und später unregelmäßig lappig, dickfl schig; jung oft schön gelb, b dunkel olivgrün; fein sam darunter mit einer gallerti Schicht; meist bis 5, selten 10 cm breit. **Lamellen:** weiß, der Reife gelb; schmal dicht stehend. **Stiel:** oran gelb, später orangebraun; dunkelsamtig punktiert, mit zigem Grund; dick und k seitlich ansitzend; Sporen ver weiß. **Vorkommen:** ab vember an Strünken und genden Stämmen verschi ner Laubhölzer, selten auc Nadelholz; ziemlich häufig

46

links
47
rechts
48

49

50 Blauer Lackpilz G

Laccaria amethystea

Hut: breit konvex oder etwas trichterförmig; jung schön amethystviolett, trocken hell weißgrau und verblassend; fein schuppig; bis 5 cm breit. **Lamellen:** amethystviolett; dick und auffallend entfernt stehend. **Stiel:** amethystviolett, seidig überfasert; lang und schlank. **Fleisch:** violett, milder Geschmack. Sporenpulver weiß. **Vorkommen:** häufig in Laub- und Nadelwäldern.

51 Roter Lackpilz G

Laccaria laccata

Vom Blauen Lackpilz durch die einheitliche fleischrosa Färbung unterschieden; in allen anderen Merkmalen völlig übereinstimmend.

Ähnliche, ebenfalls fleischrosa gefärbte Arten: *Laccaria proxima* ist größer und wächst in Mooren. *Laccaria bicolor* hat eine hellblaue Stielbasis und blaulila gefärbte Lamellen.

52 Kastanienbrauner Schirmling †

Lepiota castanea

Hut: breit glockig bis flach; dunkel rotbraun; bald fein schuppig aufreißend; bis 3 cm breit. **Lamellen:** weiß; dicht stehend. **Stiel:** auf hell rötlichbraunem Grund dunkel kastanienbraun flockig. **Fleisch:** weiß, milder Geschmack. Sporenpulver weiß. **Vorkommen:** in Laub- und Nadelwäldern, meist einzeln oder in kleinen Gruppen; ziemlich selten.

Der Pilz gilt als gefährlich giftig. Er enthält möglicherweise Spuren des Knollenblätterpilzgifts Amanitin. Vergleiche die Schirmlinge Seite 89 und 91.

53 Wolliggestiefelter Schirmling

Lepiota clypeolaria

Hut: jung eiförmig, bald bre glockig und oft stumpf gebuk kelt; dunkel strohbraun; gege den Rand in kleine Schuppe aufgelöst; bis 5, selten bis 8 c breit. **Lamellen:** weiß; dicht st hend. **Stiel:** weiß; ziemlich lan und schlank, jung mit undeutl cher, fransiger Ringzone; gro weißwollig; hohl. **Fleisch:** wei mit unangenehmem, steche dem Geruch; Sporenpulv weiß. **Vorkommen:** in Laubwä dern, häufig. Vergleiche au die Schirmlinge auf Seite 89

54 Blauer Mehlschirmling

Cystolepiota bucknullii

Hut: jung kegelig, später ko vex bis flach; fein kleiig-kö nig; blauviolett oder weißgra bis 3 cm breit. **Lamellen:** wei dicht stehend. **Stiel:** blauli bei Druck purpurn verfärben lang und schlank, ohne Ri oft verbogen. **Fleisch:** we mit starkem Leuchtgasgeru Sporenpulver weiß. **Vorko men:** in feuchten Buchenw dern, ziemlich selten.

55 Rötender Mehlschirmling

Cystolepiota seminuda

Hut: konvex oder gloc weiß und gleichmäßig fein k nig, mit oft etwas fransig hangenem Rand; bis 2 breit. **Lamellen:** weiß; dicht hend. **Stiel:** weiß, bei Dr purpurbraun verfärbend; k ig-körnig; Sporenpulver w **Vorkommen:** auf Humu den, entlang von Waldstra häufig.

links
50
rechts
51

links
52
rechts
53

links
54
rechts
55

56 Weißer Gifttrichterling

Clitocybe dealbata

Hut: jung konvex mit eingerolltem Rand, später ausgebreitet mit vertiefter Mitte und oft wellig-flatterig verbogen, seltener trichterförmig; weiß und firnisartig glänzend, alt auch schmutzig ledergrau; dünnfleischig; 2–4 cm breit. **Lamellen:** weiß, alt auch blaß cremefarben; schmal, dünn und dicht stehend, nur alt am Stiel etwas herablaufend, sonst gerade angewachsen. **Stiel:** weißlich; gleich dick oder gegen den Grund etwas verjüngt, schlank und ziemlich lang, oft flachgedrückt und an der Spitze fein bereift. **Fleisch:** weiß; mit deutlichem Mehlgeruch; Sporenpulver weiß. **Vorkommen:** außerhalb von Wäldern im Gras, entlang von Wegen, an Böschungen, gelegentlich auch in Hausgärten; meist scharenweise, nicht selten auch büschelig miteinander verwachsen.

Der Weiße Gifttrichterling enthält in hoher Dosierung das lebensgefährliche Pilzgift Muscarin und soll schon Todesfälle verursacht haben.

Ähnliche Arten: Der Rinnigbereifte Trichterling *(Clitocybe rivulosa)* wächst an ähnlichen Stellen und unterscheidet sich durch einen hell fleischbräunlichen, weiß bereiften und alt kreisförmig-rissig werdenden Hut. Die Unterscheidung dieses ebenfalls sehr giftigen Pilzes ist nicht immer leicht; manche Experten betrachten ihn lediglich als Form des Weißen Gifttrichterlings. Auf Buchenlaub, seltener Nadelstreu wächst der etwas größere, ebenfalls giftige Glänzende Firnistrichterling *(Clitocybe candicans)* mit charakteristisch geknieter Stielbasis. Es gibt noch weitere, etwas größere weiße Trichterlinge, von denen etliche giftig sind. Keinesfalls Kostversuche!

57 Weißer Rasling

Lyophyllum connatum

Hut: jung konvex mit eingerolltem, wellig gekerbtem und bereiftem Rand, später unregelmäßig gewölbt und flatterig verbogen; schmutzig weißlich; meist 3–7 cm, gelegentlich auch über 10 cm breit. **Lamellen:** cremeweiß; dicht stehend, am Stiel anfangs gerade angewachsen oder ausgebuchtet, später etwas herablaufend. **Stiel:** schmutzigweiß und jung etwas flockig; gleich dick. **Fleisch:** weißlich; mit ranzig-säuerlichem Geruch; Sporenpulver weiß. **Vorkommen:** an Straßenrändern und auf frisch geschotterten Flächen; büschelig und mitunter in großen Mengen; häufig.

Der Pilz ist eßbar, vom Genuß wird jedoch abgeraten: zum einen wegen der Verwechslungsgefahr mit giftigen, weißen Trichterlingen, zum anderen, weil im Weißen Rasling kürzlich Lyophyllin entdeckt wurde, dessen Struktur mit nah verwandten, Genschädigungen bewirkenden, chemischen Verbindungen weitgehend übereinstimmt.

Ähnliche Arten: Es gibt noch eine Reihe weiterer, meist grauhütiger Raslinge mit weißen, ziemlich dicken, um den Stiel ausgebuchteten Lamellen, die sich bei Druck bei manchen Arten blau oder schwarz verfärben. Auch etliche Rötlinge können den weiß- oder grauhütigen Raslingen ähneln, haben aber rosafarbene Lamellen.

56

57

58 Ranziger Trichterling ○

Clitocybe vibecina

Hut: genabelt mit nach unten gebogenem Rand, selten trichterförmig; feucht dunkelgrau mit braungrauer Mitte und am Rand stark durchscheinend gerieft, trocken weißgrau; bis 5 cm breit. **Lamellen:** schmutziggrau; ziemlich dick, am Stiel etwas herablaufend. **Stiel:** grau, an der Spitze weißmehlig. **Fleisch:** wässerig grau, mit mehlig-ranzigem Geruch. Sporenpulver weiß. **Vorkommen:** in Reihen und Kreisen auf Nadelstreu, meist ziemlich spät im Jahr; sehr häufig.

Ähnliche Arten: Der Mehltrichterling *(Clitocybe ditopus)* ist etwas größer und hat ebenfalls einen feucht grauen, trokken weißlich ausblassenden, aber ungerieften Hut. Er riecht stark nach frischem Mehl und wächst ebenfalls auf Nadelstreu, oft zusammen mit dem Ranzigen Trichterling.

59 Waldfreundrübling ○

Collybia dryophila

Hut: konvex oder flach ausgebreitet; feucht hell orangebraun, trocken blaß lederfarben, nicht gerieft; dünnfleischig; bis 5 cm breit. **Lamellen:** weiß, alt auch tonfarben oder gelblich; dünn und dicht stehend mit glatter Schneide, um den Stiel ausgebuchtet. **Stiel:** wie der Hut gefärbt, glatt, hohl. **Fleisch:** weiß-bräunlich, mit angenehmem Geruch; Sporenpulver weiß. **Vorkommen:** gesellig, aber nicht büschelig, im Laub- und Nadelwald; oft schon ab Mai; häufig. **Ähnliche Arten:** Der Striegelstielige Rübling *(Collybia hariolorum)* hat einen am Grund haarigen Stiel und riecht stark nach faulem Kohl. Er wächst auf Buchenlaub.

60 Gurkenschnitzling ○

Macrocystidia cucumis

Hut: konvex bis flach; feucht dunkelrot- bis schwarzbraun mit hellerem Rand, trocken stark ausblassend und dann blaß ockerlich; bis 5 cm breit. **Lamellen:** weiß, später rötlich; mäßig dicht stehend. **Stiel:** wie der Hut gefärbt, an der Spitze heller; dünn; am Grund fein samtig. **Fleisch:** weiß; mit sehr starkem Geruch nach frisch geschnittenen Gurken; Sporenpulver blaßocker. **Vorkommen:** gesellig und scharenweise auf Nadeln, Rindenresten oder feuchter Erde; ziemlich häufig.

61 Wintertrichterling ○

Clitocybe brumalis

Hut: jung konvex oder genabelt, bald etwas trichterförmig; feucht lederblaß und am Rand schwach durchscheinend gerieft, trocken fast weiß; bis 5 cm breit. **Lamellen:** schmutzig weiß; dicht stehend, am Stiel etwas herablaufend. **Stiel:** lederfarben bis blaß bräunlich, gestreift und bald hohl mit weißfilzigem Grund. **Fleisch:** schmutzig fleischbraun; geruchlos oder mit schwachem Mehlgeruch; Sporenpulver weiß. **Vorkommen:** in Laub- und Nadelwäldern, nur im Winter; nicht selten sogar unter der Schneedecke.

Ähnliche Arten: Mehrere im Herbst wachsende Arten mit ähnlicher Färbung können nur schwer unterschieden werd

58

links
59

rechts
60

61

62 Heftelhelmling ○

Rickenella fibula

Hut: konvex oder genabelt; leuchtend orange mit gerieftem Rand; bis 1 cm breit. **Lamellen:** weiß, dick und entfernt stehend, weit am Stiel herablaufend. **Stiel:** wie der Hut gefärbt; sehr lang. Sporenpulver weiß. **Vorkommen:** in Nadelwäldern zwischen Moosen, auch auf Wiesen und in Mooren; häufig.

63 Mooshäubling ○

Galerina hypnorum

Hut: kegelig-glockig, dünnhäutig; feucht hell honigbraun und gerieft, trocken gelbbraun; bis 1 cm breit. **Lamellen:** blaß rostbraun. **Stiel:** gelbbraun, weißlich faserig oder flockig mit bereifter Spitze. Sporenpulver rostbraun. **Vorkommen:** in Nadelwäldern zwischen Moos; sehr häufig.

64 Buchenhelmling ○

Mycena fagetorum

Hut: kegelig mit starkem, warzenförmigem Buckel; dunkel graubraun mit hellerem, von den durchscheinenden Lamellen gerieftem Rand; bis 1,5 cm breit. **Lamellen:** weiß oder hellgrau. **Stiel:** graubraun; glatt, innen hohl, am Grund filzig. **Fleisch:** mit Mehlgeruch. Sporenpulver weiß. **Vorkommen:** scharenweise und oft büschelig auf Buchenlaub; nicht häufig.

65 Weißmilchender Helmling ○

Mycena galopus

Hut: kegelig-glockig; von hel weißgrau bis fast schwarz: feucht von den durchscheinenden Lamellen gerieft, dünnhäutig; bis 1,5 cm breit. **Lamel len:** weiß; entfernt stehend **Stiel:** graubraun, glatt, bei Ver letzung einen weißen Milch saft ausscheidend; lang unc schlank. Sporenpulver weiß **Vorkommen:** ab Juni in Nadel wäldern zwischen Moos; häu fig.

66 Gummihelmling ○

Mycena epipterygia

Hut: kegelig-glockig; hellgra bis graubraun; feucht gerief mit einer gummiartig dehnba ren, abziehbaren Haut be deckt; bis 2,5 cm breit. **Lame len:** weiß; mit dehnbarer, ab ziehbarer Schneide. **Stiel:** zitro nengelb; kahl und glatt, m gummiartiger Haut. Sporen pulver weiß. **Vorkommen:** a September büschelig im Nade und Laubwald, auch an Strü ken; häufig.

67 Bernsteinbrauner Rötling

Entoloma cetratum

Hut: breit kegelig bis konv mit kleinem Buckel; hell ber steinbraun, fast bis zur Mi gerieft; 2–3 cm breit. **Lamell** lachsrosa; um den Stiel aus buchtet. **Stiel:** hell bräunli seidig längsfaserig; schla Sporenpulver rosa. **Vorko men:** ab Mai meist einz in Nadelwäldern zwisch Moos; ziemlich häufig.

links
62
rechts
63

links
64
rechts
65

links
66
rechts
67

68 Gelbschneidiger Helmling ○

Mycena aurantiomarginata

Hut: breit glockig mit kräftigem Buckel; hell graubraun, feucht etwas gerieft; bis 2 cm breit. **Lamellen:** blaß graubraun, mit leuchtend orangegelb gefärbter Schneide. **Stiel:** blaß gelb- bis graubraun; glatt; Sporenpulver weiß. **Vorkommen:** scharenweise auf Nadelstreu; häufig.

69 Rosahelmling ○

Mycena rosella

Hut: konvex; hell rosa und durchscheinend gerieft; bis 1,5 cm breit. **Lamellen:** blaßrosa, mit roter Schneide. **Stiel:** rosabraun, am Grund häufig weißhaarig; Sporenpulver weiß. **Vorkommen:** ab Ende September auf Nadelstreu; meist häufig.

70 Rettichhelmling ⊞

Mycena pura

Hut: glockig, bald flach mit breitem Buckel; rosabraun, blauviolett oder graulila, trokken weiß bis stahlgrau, feucht am Rand gerieft; bis 5 cm breit. **Lamellen:** weiß oder blaßrosa; um den Stiel tief ausgebuchtet. **Stiel:** wie der Hut gefärbt oder weiß; am Grund filzig; hohl. **Fleisch:** mit starkem Rettichgeruch; Sporenpulver weiß. **Vorkommen:** in Laub- und Nadelwäldern von Juni bis November; häufig.

Der Pilz enthält geringe Mengen Muscarin, ist aber nicht gefährlich giftig.

71 Dunkelschneidiger Rettichhelmling ○

Mycena pelianthina

Hut: jung konvex bis gebuk-kelt, bald flach; feucht schmut-zig violettgrau mit gerieften Rand, trocken schmutzig weiß-grau; bis 5 cm breit. **Lamellen** schmutzig grauviolett; mi stark flockiger, schwarzpurpur-ner Schneide. **Stiel:** wie de Hut gefärbt, längsstreifig un hohl. **Fleisch:** mit starker Rettichgeruch; Sporenpulve weiß. **Vorkommen:** ab Juni i Laubwäldern, besonders ir tiefen Buchenlaub; ziemlic häufig.

Der Pilz steht in dem Verdach wie der Rettichhelmling Mu carin zu enthalten.

72 Sumpfnabeling ○

Omphalina sphagnicola

Hut: tief trichterförmig gen belt; hell braungrau bis beig braun; oft mit kleinen Schup chen, am Rand gerieft; bis 2 c breit. **Lamellen:** schmutzi weiß; entfernt stehend u weit am Stiel herablaufen **Stiel:** wie der Hut gefär glatt; Sporenpulver weiß. **Vo kommen:** nur in Mooren; zie lich selten und sollte gescho werden.

73 Fichtenzapfenrübling

Strobilurus esculentus

Hut: konvex; meist braungr aber auch fast weiß oder du kel schwarzbraun; 1–3 breit. **Lamellen:** weiß; dicht s hend, um den Stiel etwas a gebuchtet. **Stiel:** braungrau heller Spitze; etwas flock Sporenpulver weiß. **Vorko men:** im Frühjahr auf im Boc vergrabenen Fichtenzapf sehr häufig.

links
68
rechts
69

links
70
rechts
71

links
72
rechts
73

74 Ledergelber Schwindling ○

Marasmius torquescens

Hut: breit konvex bis flach mit schwachem, breitem Buckel; feucht ledergelb und von den Lamellen stark durchscheinend gerieft, trocken strohfarben; bis 3 cm breit. **Lamellen:** hell lederfarbig; um den Stiel ausgebuchtet, dick und ziemlich entfernt stehend. **Stiel:** an der Spitze gelblich, abwärts zunehmend rot- bis schwarzbraun; zäh, hohl, kahl und glatt. **Fleisch:** ledergelb; geruch- und geschmacklos; Sporenpulver weiß. **Vorkommen:** meist in größeren Gruppen in Laubwäldern, besonders zwischen Buchenlaub, gelegentlich auch auf Nadeln.

Ähnliche Arten: Der Hornstieli̇ge Schwindling *(Marasmius cohaerens)* hat einen rotbraunen Hut und einen glänzend rotbraunen, am Grund schwarzen Stiel. Er wächst auf Buchenlaub.

75 Großer Stinkschwindling ○

Micromphale brassicolens

Hut: bald konvex bis flach, undeutlich gebuckelt und alt unregelmäßig verbogen; feucht rotbraun und stark gerieft, trokken ausblassend; bis 4 cm breit. **Lamellen:** schmutzig weißlich, alt auch rötlich-graubraun; mäßig dicht stehend. **Stiel:** nur an der Spitze rotbraun, abwärts schwarz und sehr fein bereift; oft flachgedrückt, hohl. **Fleisch:** mit sehr starkem Geruch nach faulendem Kohl; Sporenpulver weiß. **Vorkommen:** büschelig oder scharenweise auf Buchenlaub, gelegentlich auch auf Nadelstreu; ziemlich selten.

76 Küchenschwindling, Knoblauchschwindling, Mousseron G

Marasmius scorodonius

Hut: glockig, bald konvex un meist verbogen; feucht ocker braun und am Rand gerieft trocken lederblaß; dünnhäu tig; 1–2 cm breit. **Lamellen** weißlich; dick und entfernt ste hend. **Stiel:** hell rotbraun; zäl kahl und glatt. **Fleisch:** mit sta kem Knoblauchgeruch, wir deswegen als Würze verwer det; Sporenpulver weiß. **Vo kommen:** scharenweise auf N delstreu; häufig.

77 Roßhaarschwindling

Marasmius androsaceus

Hut: konvex, meist runzel und verbogen; hell lederfarbe bis bräunlich; dünnhäutig; b 1 cm breit. **Lamellen:** schmu zig lederfarben; dicklich u entfernt stehend, um den St ringartig verbunden. **Sti** dunkel schwarzbraun; dün zäh, roßhaarartig. **Fleisch:** o ne Knoblauchgeruch. Spore pulver weiß. **Vorkommen:** ma senhaft auf Fichtennade meist nach Regen.

78 Kleiner Stinkschwindling

Micromphale perforans

Hut: konvex, unregelmä verbogen; blaß leder- fleischfarben; dünnhäutig; 1,5 cm breit. **Lamellen:** we lich; dick und entfernt stehe **Stiel:** schwarz, mit heller S ze; zäh. **Fleisch:** mit unan nehm knoblauchartigem ruch; Sporenpulver weiß. **V kommen:** auf Nadelst meist nach Regen; sehr häu

links
74

rechts
75

76

links
77

rechts
78

79 Büschelrübling ○

Collybia acervata

Hut: gewölbt-konvex; feucht rotbraun und von den durchscheinenden Lamellen gerieft, trocken schmutzig fleischbraun; bis 5 cm breit. **Lamellen:** weißlich bis blaß cremefarben; sehr dicht stehend und um den Stiel ausgebuchtet. **Stiel:** orange- bis rotbraun; kahl und glänzend, am Grund filzig; oft flachgedrückt. **Fleisch:** mit schwachem Geruch nach faulendem Kohl, Sporenpulver weiß. **Vorkommen:** in Nadelwäldern büschelig auf Wurzeln und um Strünke, meist in Gebirgslagen; ziemlich selten.

80 Samtfußrübling, Winterrübling [S]

Flammulina velutipes

Hut: jung konvex mit etwas gerieftem Rand, bald flach; schön kastanienrotbraun; schwach klebrig; meist 2–5 cm breit. **Lamellen:** weiß, später hell gelblich; meist etwas entfernt stehend. **Stiel:** an der Spitze hell, abwärts rot- bis schwarzbraun und fein samtig; ohne Ring. **Fleisch:** gelblich; milder Geschmack, mit angenehmem Geruch; Sporenpulver weiß. **Vorkommen:** in milden Wintern, gelegentlich auch schon im Oktober büschelig an Laubholz, vor allem Buchen, seltener an Nadelholz. **Verwertung:** Die Pilzhüte liefern bei Massenauftreten in der kalten Jahreszeit schmackhafte Gerichte. Der Pilz läßt sich leicht züchten, ist aber wegen des geringen Ertrags wirtschaftlich ohne Bedeutung.

Ähnliche Arten: Ebenfalls im Winter, aber an Nadelholz, erscheint der Rauchblättrige Schwefelkopf mit mehr orangegelber Hutfarbe. Auch Ver wechslungen mit dem seh giftigen Gesäumten Häublin und anderen – allerdings nich im Winter wachsenden braunhütigen, büscheligen Pilz arten sind möglich.

81 Glöckchennabeling (

Xeromphalina campanella

Hut: glockig-konvex, später i der Mitte etwas genabelt; he rostbraun mit gerieftem Ran etwas ausblassend; bis 2 c breit. **Lamellen:** weiß bis cr mefarben; dick und entfer stehend, am Stiel herablaufen und queraderig miteinand verbunden. **Stiel:** dunkel ros braun; oft etwas zusammeng drückt, mit gelber und oft ve breiterter Spitze; Sporenpulv weiß. **Vorkommen:** ganzjähri vorwiegend im Frühjahr u Herbst an Nadelholzstümpfe meist in großen Scharen.

Ähnliche Arten: Mehre Häublinge sind in Form u Hutfärbung ähnlich, hab aber keinen schwarzbraune sondern immer einen hellbra nen Stiel.

82 Knopfstieliger Rübling

Collybia confluens

Hut: anfangs kegelig, spä auch glockig oder ausgeb tet; feucht lederfarben u schwach gerieft, trocken a blassend; bis 3 cm breit. **Lan len:** schmutzig weiß; schr und sehr dicht stehend. **St** blaß lederfarben; fein filzig, Grund haarig, hohl; Sp vom Hutfleisch ablösbar; S renpulver weiß. **Vorkomm** büschelig auf Laub- und l delstreu, oft in Scharen Hexenringen.

79

links
80

rechts
81

82

83 Nelkenschwindling G

Marasmius oreades

Hut: konvex mit feucht etwas gerieftem Rand; blaß lederfarben oder hell rotbraun; bis 5 cm breit. **Lamellen:** blaß lederfarben; dick und ziemlich entfernt stehend, um den Stiel tief ausgebuchtet. **Stiel:** blaß ledergelblich; fein flockig bereift. **Fleisch:** gelblichweiß; milder Geschmack, mit Geruch nach frischen Sägespänen; Sporenpulver weiß. **Vorkommen:** meist scharenweise oder in Hexenringen auf Wiesen und an Waldrändern zwischen Gras; häufig.

84 Orangefarbener Tellerling ○

Rhodocybe nitellina

Hut: konvex bis flach oder etwas trichterförmig; orange- bis hell rotbraun, feucht von den durchscheinenden Lamellen gerieft; meist 2–4 cm breit. **Lamellen:** jung weiß, später blaß creme-orange; dicht stehend. **Stiel:** wie der Hut gefärbt, oben weiß bereift; alt hohl werdend. **Fleisch:** mit starkem Geruch nach frischem Mehl; Sporenpulver blaßrosa. **Vorkommen:** in Laub- und Nadelwäldern, meist gesellig an Wegrändern; nicht selten.

85 Butterrübling ○

Collybia butyracea

Hut: jung halbkugelig, bald konvex, seltener flach; feucht schön rotbraun und glänzend, trocken aufhellend; meist 4–6 cm breit. **Lamellen:** weiß, nicht rostfleckig; dicht stehend, mit grob gekerbter Schneide, um den Stiel ausgebuchtet. **Stiel:** blaß rotbraun, längsgestreift, kahl; am Grund meist bauchig verdickt, alt hohl werdend. **Fleisch:** weiß, milder Geschmack, mit angenehmem »Butter«-Geruch; Sporenpulver weiß. **Vorkommen:** gesellig in Nadel- und Laubwäldern, oft Hexenringe bildend; häufig.

Ähnliche Arten: Der Verdreht Rübling *(Collybia distorta)* i Nadelwäldern hat einen unre gelmäßig verbogenen Hu stark verdrehten, nicht bauchi gen Stiel und grob gesägte, a stark rostfleckige Lamellen.

86 Horngrauer Rübling

Collybia butyracea var. asema

Hut: in der Form und Größ wie beim Butterrübling, ab dunkel graubraun, trocke stark aufhellend bis blaß wei grau. **Lamellen:** wie beim Bu terrübling. **Stiel:** hell gra braun gefärbt; sonst wie bei Butterrübling. **Fleisch** und **Vo kommen:** wie beim Butterrü ling.

87 Pfefferrübling

Collybia peronata

Hut: jung konvex, bald flac blaß rötlich- bis gelbbrau trocken etwas aufheller dünnfleischig-lederig; bis 5 breit. **Lamellen:** hell rötli gelbbraun; auffallend dick u entfernt stehend. **Stiel:** b gelbbraun; in der unteren H te haarig-filzig. **Fleisch:** z sehr scharf, auf der Zu brennend; Sporenpulver w **Vorkommen:** meist in Scha oder büschelig auf feucht Laub, aber auch auf Na streu; häufig.

links
83

rechts
84

85

links
86

rechts
87

88 Samtfüßiger Dachpilz ○ ▽

Pluteus plautus

Hut: glockig-konvex bis flach; dunkelbraun und jung fein samtig, alt schuppig; 2–4 cm breit. **Lamellen:** fleischrosa, alt an der Schneide oft bräunlich. **Stiel:** dunkelbraun; mit feinen Schüppchen, gleich dick. Sporenpulver rosa. **Vorkommen:** meist einzeln an Nadelholz, ziemlich selten und sollte geschont werden.

89 Kaffeebrauner Trichterling ○

Pseudoclitocybe cyathiformis

Hut: tief genabelt mit anfangs eingerolltem, später oft verbogenem Rand; dunkel graubraun, trocken grau; bis 6 cm breit. **Lamellen:** graubraun; manchmal gegabelt, am Stiel herablaufend. **Stiel:** graubraun, am Grund weißfilzig. Sporenpulver weiß. **Vorkommen:** im Spätherbst auf Wiesen und in grasigen Nadelwäldern; sehr häufig.

90 Alkalischer Rötling ✝

Entoloma nidorosum

Hut: konvex oder niedergedrückt bis genabelt; feucht graubraun und etwas gerieft, trocken weißgrau und glänzend; 3–6 cm breit. **Lamellen:** weiß, dann lachsrosa; ziemlich dick und entfernt stehend. **Stiel:** weißgrau; ziemlich lang und schlank. **Fleisch:** weißlich; mit starkem nitrösem, an Ammoniak erinnerndem Geruch; Sporenpulver rosa. **Vorkommen:** in Laubwäldern, oft in Hexenringen; ziemlich häufig. Der Genuß dieses schwach giftigen Pilzes löst Magen-Darm-beschwerden aus.

91 Stahlblauer Rötling ○

Entoloma nitidum

Hut: breit glockig, häufig mi stumpfem Buckel; dunke stahlblau; bis 5 cm breit. **La mellen:** schmutzig lachsrosa dick und entfernt stehend **Stiel:** wie der Hut gefärb längsstreifig mit weißfilzigen Grund; Sporenpulver rosa **Vorkommen:** einzeln ode gruppenweise in feuchte Bergnadelwäldern, in tiefe Lagen selten.

92 Mehlräsling ○

Clitopilus prunulus

Hut: jung halbkugelig, spät konvex bis flach; schmutzi weiß; dickfleischig; 3–12 c breit. **Lamellen:** anfangs he cremerosa, später schmutz bräunlich; mäßig dicht st hend, weit am Stiel herabla fend. **Stiel:** schmutzigweiß; f serig, am Grund filzig. **Fleisc** weiß; mit starkem Mehlg ruch; Sporenpulver rosa. **Vo kommen:** in Laub- und Nad wäldern; häufig. Verwec lungsgefahr mit dem sehr gi gen weißen Gifttrichterling!

93 Geselliger Rasling

Lyophyllum fumosum

Hut: konvex, später unreg mäßig verbogen; dunkel gr braun, etwas faserig gestre meist 4–6 cm breit. **Lamell** weiß, alt hellgrau; am S etwas ausgebuchtet. **St** weißgrau; gleich dick. **Fleis** mit Mehlgeruch, milder G schmack. Sporenpulver w **Vorkommen:** in dichten scheln und Knäueln auf W sen und Weiden, seltener Wäldern.

links
88

rechts
89

links
90

rechts
91

links
92

rechts
93

94 Langstieliger Knoblauchschwindling

Marasmius alliaceus

Hut: breit konvex, etwas runzelig; blaß lederfarben und oft fleckig, trocken fast weiß; bis 4 cm breit. **Lamellen:** schmutzig weißlich; schmal und entfernt stehend. **Stiel:** schwarzbraun mit heller Spitze; sehr lang und schlank, steif, hohl, fein bereift, im Boden wurzelnd. **Fleisch:** mit starkem Knoblauchgeruch. Sporenpulver weiß. **Vorkommen:** meist auf liegenden Laubholzästen, seltener auf Laub- und Nadelstreu; ab Mai; häufig.

95 Halsbandschwindling

Marasmius rotula

Hut: konvex mit genabelter Mitte und faltig-höckerigem Rand, an eine Kuchenform (»Guglhupf«) erinnernd; weiß; häutig; bis 1 cm breit. **Lamellen:** weiß; dick und entfernt stehend, um den Stiel ringförmig zusammengewachsen. **Stiel:** schwarzbraun mit heller Spitze; dünn, roßhaarartig. Sporenpulver weiß. **Vorkommen:** büschelig auf Laubholzästchen; häufig.

96 Astschwindling

Marasmiellus ramealis

Hut: konvex, später meist flach; blaß rostbräunlich; bis 1 cm breit. **Lamellen:** weiß; entfernt stehend. **Stiel:** weiß mehlig bestäubt, später bräunend; dünn. Sporenpulver weiß. **Vorkommen:** gesellig, aber nicht büschelig, auf Laubholzästchen.

97 Beschleierter Zwitterling

Nyctalis parasitica

Hut: jung kegelig, später brei glockig, am Rand mit faseri gem Schleier; weißgrau; dünn fleischig; bis 1,5 cm breit. **La mellen:** weißgrau, dan schwärzend; dick und entferr stehend, sich später auflösen **Stiel:** weißgrau; schlank, etwa flockig. **Fleisch:** weißgrau; m Mehlgeruch. Sporenpulv weiß. **Vorkommen:** ausschlie lich auf faulenden Täublinge und Milchlingen; ziemlich se ten.

98 Großer Bluthelmling

Mycena haematopus

Hut: glockig mit flockig beha genem Rand; dunkel purpu braun und feucht etwas gerie ausblassend; bis 2 cm breit. **L mellen:** weiß; mit gesäg Schneide. **Stiel:** blaß purp bräunlich, gegen den Gru purpurrot, bei Verletzung nen schwarzroten, fleckend Milchsaft ausscheidend; etw bereift. Sporenpulver we **Vorkommen:** büschelig Laubhölzern und Strünk nicht selten.

99 Gemeiner Stinkschwindling

Micromphale foetidum

Hut: konvex, dann flach am Rand gefurcht; schmu braunrot; bis 2 cm breit. **Lam len:** grau-rötlich; dick und fernt stehend. **Stiel:** schw braun; fein bereift. **Fleisch:** starkem Geruch nach fau dem Kohl. Sporenpulver w **Vorkommen:** auf totem La holz, meist an Haselnußäs

links
94
rechts
95

links
96
rechts
97

links
98
rechts
99

100 Scharlachroter Saftling ○ ▽

Hygrocybe coccineocrenata

Hut: konvex, bald flach und häufig mit etwas vertiefter Mitte; leuchtend scharlachrot, besonders in der Mitte mit feinen, etwas dunkleren Schüppchen; Rand etwas gekerbt; 1–3 cm breit. **Lamellen:** jung weiß, später hellgelb; sehr dick und am Stiel herablaufend. **Stiel:** orange- bis scharlachrot; ziemlich lang und schlank. **Fleisch:** rötlich; sehr brüchig; milder Geschmack. Sporenpulver weiß. **Vorkommen:** meist gruppenweise in Mooren oder auf feuchten Wiesen zwischen Gras; nicht selten.

101 Schwärzender Saftling †

Hygrocybe nigrescens

Hut: jung spitzkegelig, später ausgebreitet und mit kräftigem Buckel; zitronengelb bis orangerot, langsam schwarz werdend; bis 4 cm breit. **Lamellen:** jung weiß, dann blaß gelblich, alt schwarzgrau; dick und entfernt stehend. **Stiel:** weiß bis orange, vom Grund her schwärzend; sehr gebrechlich. **Fleisch:** gelblichweiß; geruchlos und milder Geschmack. Sporenpulver weiß. **Vorkommen:** auf kurzgrasigen Wiesen und Weiden; ziemlich häufig. Giftverdächtig!

102 Papageien-Saftling ○

Hygrocybe psittacina

Hut: jung kegelig, bald flach oder gebuckelt; jung grasgrün, dann zitronen- oder orangegelb verfärbend, auch lila oder orangebraun; bis 4 cm breit. **Lamellen:** grünlich, aber auch orange bis gelblich; dick und entfernt stehend. **Stiel:** blaß grünlich, besonders gegen den Grund auch gelb oder orange; klebrig. **Fleisch:** sehr brüchig; geruchlos und milder Geschmack. Sporenpulver weiß. **Vorkommen:** auf ungedüngten Wiesen und Weiden; selten.

103 Elfenbeinschneckling

Hygrophorus eburneus ○

Hut: jung konvex, alt flach weiß und stark schleimig; mi lang eingerolltem und etwa flaumigem, gekerbtem Rand bis 6 cm breit. **Lamellen:** weiß dick und entfernt stehend, a am Stiel herablaufend. **Stiel** weiß; lang und schlank, am Grund zugespitzt und tief in Boden wurzelnd, Spitze etwa weißflockig, abwärts star schleimig. **Fleisch:** weiß; mi der Geschmack, mit unang nehmem Geruch. Sporenpu ver weiß. **Vorkommen:** mei gruppenweise in tiefem B chenlaub; häufig.

Ähnliche Arten: Der Verfä bende Schneckling *(Hygroph rus discoxanthus)* unterscheid sich durch die später orang braune Hutoberfläche und L mellen.

104 Goldzahnschnecklin

Hygrophorus chrysodon

Hut: konvex, später flach o stumpf gebuckelt; stark schl mig; reinweiß und besond am Rand mit zitronengelb Flöckchen; bis 6 cm breit. **mellen:** weiß, dick und entfe stehend. **Stiel:** weiß, zumind an der Spitze mit gelben Flö chen. **Fleisch:** weiß; milder schmack und geruchlos. S renpulver weiß. **Vorkomm** gruppenweise unter Ficht seltener auch im Laubw meist in höheren Lagen.

links
100
rechts
101

102

links
103
rechts
104

105 Orangeschneckling ○

Hygrophorus pudorinus

Hut: konvex, bald flach, schmierig; leuchtend orangefarben, trocken glänzend und dann oft gelb werdend; Rand lang eingerollt, gekerbt und fein filzig; bis 15 cm breit. **Lamellen:** blaß cremerosa; dick und entfernt stehend, am Stiel gerade angewachsen oder etwas herablaufend. **Stiel:** jung weiß oder orangerosa, später vom Grund her schön gelb verfärbend; fein flockig und etwas klebrig. **Fleisch:** orange, im Stielgrund gelb; mit Terpentingeschmack. Sporenpulver weiß. **Vorkommen:** nur unter Weißtannen auf Kalkböden, oft im Buchenmischwald.

Ähnliche Arten: Der Dichterschneckling *(Hygrophorus poetarum)* hat mehr orangerötliche Farben, einen nicht gelb verfärbenden Stiel und keinen Terpentingeschmack. Er wächst vorwiegend in Buchenwäldern.

106 Dunkelscheibiger Schneckling ○

Hygrophorus discoideus

Hut: glockig, bald flach mit breitem und sehr stumpfem Buckel; in der Mitte dunkel rotbraun, am Rand hell orange- oder rötlichbraun; feucht stark schleimig; bis 6 cm breit. **Lamellen:** hell cremefarben; dick und entfernt stehend, alt am Stiel herablaufend. **Stiel:** cremeweiß; klebrig; an der Spitze mit hellen Flöckchen. **Fleisch:** cremefarben; milder Geschmack und geruchlos. Sporenpulver weiß. **Vorkommen:** ab September in Nadelwäldern, besonders auf Nadelstreu; sehr gesellig.

Ähnliche Arten: Der Seidige Schneckling *(Hygrophorus leucophaeus)* hat einen blasseren Hut mit fast weißem Rand; er ist nur schwach schmierig und wächst in Laubwäldern.

107 Duftender Schneckling ○

Hygrophorus agathosmus

Hut: jung konvex, später auc flach oder etwas trichterför mig; hellgrau; jung star schleimig, später meist trocken etwas glänzend und fein kör nig; bis 6 cm breit. **Lamellen** weiß; dick und entfernt ste hend, am Stiel herablaufen **Stiel:** weiß, mit schmutzigwe ßen oder gelblichen Flöck chen; gleich dick, trocke **Fleisch:** weiß; mit starkem sü lichem Geruch nach Bitte mandel oder Marzipan. Sp renpulver weiß. **Vorkommen:** i Nadelwäldern, vorwiegend i Gras entlang von Waldwege häufig.

108 Rasiger Purpurschneckling ○

Hygrophorus erubescens

Hut: konvex, bald flach u meist unregelmäßig verboge schmierig; auf weißem Gru mit wein- bis purpurroten Fle ken, manchmal fast weiß, ab auch gleichmäßig purpurn; 10 cm breit. **Lamellen:** ju weiß, bald mit weinroten Fle ken; dick und etwas entfe stehend, alt am Stiel herabla fend. **Stiel:** weiß, zumind am Hutansatz mit weinro Flöckchen. **Fleisch:** weiß, Druck langsam gelb anl fend; geruchlos und m schwach bitterer Geschma Sporenpulver weiß. **Vorko men:** mitunter in großen M gen, vorwiegend in Nadelw dern; nicht häufig.

105

links
106
rechts
107

108

109 Märzellerling, Märzschneckling

Hygrophorus marzuolus

Hut: konvex, bald flach werdend; weißgrau bis grauschwarz; nur wenig schmierig, bald trocken und etwas gestreift; bis 7 cm breit. **Lamellen:** jung reinweiß, alt grauend, dick und entfernt stehend, etwas am Stiel herablaufend. **Stiel:** jung weiß, alt hellgrau; gleich dick, ziemlich kurz und fest. **Fleisch:** weiß, milder Geschmack und geruchlos. Sporenpulver weiß. **Vorkommen:** im Frühjahr nach der Schneeschmelze von März bis Mai meist gesellig in Bergnadelwäldern; ziemlich selten. **Ähnliche Arten:** Es gibt mehrere grauhütige Schnecklinge, die aber meist stark schleimig sind und nicht im Frühjahr wachsen.

110 Natternschneckling

Hygrophorus olivaceoalbus

Hut: anfangs konvex, dann ausgebreitet mit eingerolltem Rand und meist mit kleinem Buckel, alt auch trichterförmig; schmutzig olivgrau; stark schleimig, trocken heller und etwas glänzend; bis 6 cm breit. **Lamellen:** weiß; dick und entfernt stehend, am Stiel kurz herablaufend. **Stiel:** Spitze weiß und etwas flockig, abwärts vom olivgrauen Schleimüberzug »genattert«; lang. **Fleisch:** weiß; geruchlos und milder Geschmack. Sporenpulver weiß. **Vorkommen:** in feuchten Nadelwäldern zwischen Moos; meist häufig. **Ähnliche Arten:** Der Zweifarbige Schneckling *(Hygrophorus dichrous)* ist größer, hat einen dickeren Stiel und wächst in Laubwäldern.

111 Rosenroter Schmierling

Gomphidius roseus

Hut: konvex, später flach schön rosa bis rosenrot schmierig; meist 2–4 cm breit **Lamellen:** dick und entfern stehend, am Stiel herablau fend; jung weiß, erst alt vo den reifen Sporen grau verfär bend. **Stiel:** reinweiß, abwärt etwas gelb verfärbend und ve schmälert; mit abwischbare durchscheinender, später ve schwindender Schleimschich **Fleisch:** weiß, im Stielgrun gelb; weich, geruchlos und mi der Geschmack. Sporenpulv olivschwarz. **Vorkommen:** n unter Kiefern, meist zusamme mit dem Kuhröhrling; nic häufig.

112 Kuhmaul, Großer Gelbfuß

Gomphidius glutinosus

Hut: anfangs konvex, spät flach; jung hell graubraun u alt schwarz fleckend; von ner dicken, abziehbaren, si jung über die Lamellen b zum Stielgrund erstreckend durchsichtigen Schleimschic überzogen; bis 10 cm breit. **L mellen:** jung reinweiß, spä von den Sporen zunehme grau verfärbt; dick und w entfernt stehend, am Stiel h ablaufend. **Stiel:** jung we vom Grund her gelb verf bend, alt fleckend; gleich di mit einer am oberen Rand v den Sporen schwarz gefä ten Schleimschicht überzog **Fleisch:** weiß, etwas röte ziemlich weich; geruchlos milder Geschmack. Sporenp ver olivschwarz. **Vorkomm** unter Nadelbäumen, meis kleineren Gruppen; übe häufig.

109

links
110
rechts
111

112

113 Graukappe, Herbstblattl G

Clitocybe nebularis

Hut: jung konvex mit eingerolltem Rand, später flach, aber nie trichterförmig; hell rauchgrau bis graubraun; fein bereift mit alt oft wellig verbogenem Rand; dickfleischig; bis 15 cm breit. **Lamellen:** weiß oder hell cremefarben; sehr dicht stehend, am Stiel herablaufend; leicht vom Hutfleisch ablösbar. **Stiel:** weiß, etwas faserig gestreift; kurz und dick, mit derb keuligem und oft weißfilzigem Grund; die Nadelstreu zusammenballend. **Fleisch:** weiß; mit stark säuerlichem, mehlig-ranzigem Geruch. Sporenpulver weiß. **Vorkommen:** ab September in Reihen und Hexenringen in Laub- und Nadelwäldern; häufig.

Der Pilz ist eßbar, hat aber einen sehr starken Eigengeschmack. Gelegentlich können nach Genuß Magen-Darmbeschwerden auftreten, vor allem, wenn nur junge Fruchtkörper verzehrt wurden. Die Graukappe wird zu der Gattung der Trichterlinge *(Clitocybe)* gerechnet, obwohl sie niemals einen trichterförmigen Hut hat. Auf den Hüten faulender Graukappen wächst der sehr seltene, kleine, weißhütige Parasitische Scheidling *(Volvariella surrecta)* mit rosa Lamellen und einer häutigen Scheide am Stielgrund.

Ähnliche Arten: Der Buchsblättrige Trichterling *(Clitocybe alexandri)* hat stärker gelbe Lamellen und einen alt etwas niedergedrückten Hut. Er wächst ebenfalls in Hexenringen. Verwechslungsgefahr mit dem giftigen Riesenrötling.

114 Riesenrötling † V

Entoloma sinuatum

Hut: jung konvex, bald flach und meist mit breitem, stumpfem Buckel; hell silbergrau, bei Trockenheit ausblassend und gelegentlich elfenbeinweiß sehr fein schuppig und oft etwas gestreift; bis 20 cm breit **Lamellen:** jung cremegelb, bald lachsrosa; ziemlich dicht stehend, um den Stiel etwas ausgebuchtet, nicht herablaufend nicht vom Hutfleisch ablösbar **Stiel:** weißgrau und etwas glänzend; lang und schlank, am Grund gelegentlich schwach keulig. **Fleisch:** weiß; mit deutlichem Mehlgeruch, angenehmer Geschmack(!). Sporenpulver rosa. **Vorkommen:** in Reihen und Hexenringen in Laubwäldern, oft zusammen mit de ähnlichen Graukappe und m dieser leicht zu verwechseln.

Der Pilz verursacht schon ku nach dem Genuß heftiges E brechen mit Durchfällen, d tagelang anhalten.

Ähnliche Arten: Verwechslu gen sind denkbar mit de ebenfalls in Hexenring wachsenden Veilchenritterlin der aber cremeweiß bleiben Lamellen besitzt und stark sü lich-aromatisch riecht. D Gattung Rötling enthält ei Vielzahl Pilze unterschiedlic ster Farbe und Größe, die me 6eckige, rosafarbene Spor besitzen. Die anfangs weiß oder grauen Lamellen verf ben sich bei allen Arten mit Sporenreife hell lachsrosa schmutzig rosabraun. Viele A ten wachsen auf Wiesen, ni wenige bereits im Frühjahr. Unterscheidung der einzeln Rötlinge ist in vielen Fällen mit Hilfe des Mikroskops m lich.

113

114

115 Keulenfüßiger Trichterling ○

Clitocybe clavipes

Hut: jung halbkugelig, bald breit konvex bis flach oder gebuckelt; hell braungrau und meist durchwässert, trocken ausblassend; dickfleischig; bis 6 cm breit. **Lamellen:** cremeweiß; etwas entfernt stehend und weit am Stiel herablaufend. **Stiel:** wie der Hut gefärbt; mit gleichmäßig angeschwollenem, derb keuligem Grund. **Fleisch:** weiß; stark durchwässert und sehr brüchig; mit ranzig-mehligem Geruch. Sporenpulver weiß. **Vorkommen:** gesellig und oft in Hexenringen in feuchten, moosigen Nadelwäldern; häufig. Der Pilz gilt als ungiftig, kann aber bei Genuß im Zusammenhang mit Alkohol Vergiftungserscheinungen hervorrufen.

Ähnliche Arten: Der Horngraue Rübling ist kleiner und hat dichtstehende, weiße, um den Stiel ausgebuchtete Lamellen. Der Mehlräsling hat eine ähnliche Hutform, aber keinen keuligen Stiel und bald cremerosa verfärbende Lamellen. Sein wesentlich festeres Fleisch riecht stark nach Mehl. Auch junge Graukappen könnten mit dem Keulenfüßigen Trichterling verwechselt werden; sie unterscheiden sich durch festeres, säuerlich riechendes Fleisch und noch dichter stehende, vom Hutfleisch ablösbare Lamellen.

116 Anistrichterling ○

Clitocybe odora

Hut: jung konvex, später flach oder unregelmäßig verbogen, aber nur selten trichterförmig; von schmutzig blaugrün bis blaß blaugrau oder grüngrau wechselnd; dickfleischig; bis 10 cm breit. **Lamellen:** weißgrau; dicht stehend, am Stiel gerade angewachsen, alt auch herablaufend. **Stiel:** weiß bis blaß graugrün; gleich dick oder schwach keulig; etwas faserig, am Grund weißfilzig. **Fleisch:** weiß; milder Geschmack, mit Anisgeruch. Sporenpulver weiß. **Vorkommen:** in Laub- und Nadelwäldern, meist in Gruppen oder Hexenringen; ziemlich häufig.

117 Mönchskopf

Clitocybe geotropa

Hut: von Anfang an trichterförmig mit lange eingerolltem Rand, fast immer mit kleinem Buckel; jung blaß lederfarben, alt etwas ausblassend; jung seidig bereift; dickfleischig; bis 25 cm breit. **Lamellen:** jung weiß, später hell lederfarben; dünn und ziemlich dicht stehend, am Stiel herablaufend. **Stiel:** lederfarben; lang und schlank, mitunter am Grund etwas verdickt; etwas längsfaserig; schneller als der Hut wachsend. **Fleisch:** cremeweiß, milder Geschmack, mit süßlichem, mehlartigem Geruch. Sporenpulver weiß. **Vorkommen:** in Laub- und Nadelwäldern, gern an feuchten Stellen, meist in Hexenringen; nicht selten.

115

116

117

118 Mairitterling S

Calocybe gambosa

Hut: jung halbkugelig, später konvex bis flach; jung cremeweiß, alt auch ockerlich; fein bereift; bis 10 cm breit. **Lamellen:** weiß; dicht stehend, um den Stiel ausgebuchtet. **Stiel:** cremeweiß; gleich dick und etwas faserig-schuppig. **Fleisch:** weiß; mit starkem Mehlgeruch, milder Geschmack. Sporenpulver weiß. **Vorkommen:** von Mai bis Juni auf Wiesen, an Waldrändern und in lichten Laubwäldern, meist in Hexenringen; nicht selten. **Verwertung:** trotz des etwas störenden Mehlgeruchs für Pilzgemüse in der pilzarmen Zeit durchaus zu empfehlen; kein Trockenpilz. **Ähnliche Arten:** Verwechslungsgefahr mit ungenießbaren oder schwach giftigen Fälblingen (Seite 118) und dem zur gleichen Zeit an ähnlichen Standorten wachsenden sehr giftigen Ziegelroten Rißpilz.

119 Vielgestaltiger Trichterling ○

Clitocybe gibba

Hut: meist von Anfang an trichterförmig mit lang eingerolltem, alt oft wellig verbogenem, hellerem Rand, manchmal mit kleinem Buckel; feucht hell ockerbraun, trocken blaß ledergelb; bis 8 cm breit. **Lamellen:** cremeweiß; dicht stehend und weit am Stiel herablaufend. **Stiel:** jung weißlich, später ockerbraun; ziemlich lang und schlank. **Fleisch:** weißlich; mit schwachem, gelegentlich etwas an Bittermandeln erinnerndem Geruch. Sporenpulver weiß. **Vorkommen:** ab Juni in Laub- und Nadelwäldern; sehr häufig.

120 Wasserfleckiger Trichterling ○

Lepista gilva

Hut: jung flach mit lang einge rolltem und etwas filzigen Rand, bald etwas trichterför mig; feucht hell gelblich-ocke und besonders am Rand mi dunkleren Wasserflecken, trok ken blaß gelblich; bis 8 cr breit. **Lamellen:** jung weiß bald cremegelb; weit am Stie herablaufend, dünn und dich stehend. **Stiel:** wie der Hut o kergelblich; gleich dick. Spo renpulver weiß. **Vorkomme** gesellig und oft in Hexenringe in Laub- und Nadelwälder häufig.

Ähnliche Arten: Der Fuchsi Trichterling *(Lepista flaccid* hat einen feucht rotbraune nicht fleckigen, bei Trockenh hell rötlich-gelb verblassend Hut und orangefuchsige L mellen. Er wächst ab Septe ber in Laub- und Nadelw dern.

121 Purpurbrauner Schönkopf

Calocybe onychina

Hut: jung konvex oder glock später flach bis leicht tricht förmig und oft unregelmä verbogen; jung purpurbra alt gelblich verblassend; 5 cm breit. **Lamellen:** leuchte goldgelb; dünn und dicht hend, um den Stiel ausgebu tet. **Stiel:** blaß bräunlich mit purpurnem Reif über gen, am Grund weißfil **Fleisch:** gelblichweiß; et bitterer Geschmack, geruch Sporenpulver weiß. **Vork men:** in Bergnadelwäld meist gruppenweise; selten.

118

links
119

rechts
120

121

122 Violetter Rötelritterling G

Lepista nuda

Hut: jung konvex, später flach und oft etwas verbogen; jung dunkellila, später fleischlila oder violettbraun; kahl und glatt; bis 12 cm breit. **Lamellen:** hellila; dicht stehend und um den Stiel ausgebuchtet. **Stiel:** lila; ziemlich kurz, mit schwach knolligem Grund und etwas faserig. **Fleisch:** kräftig lila; mit süßlichem Geruch, milder Geschmack. Sporenpulver cremerosa. **Vorkommen:** in Reihen und Kreisen in Laub- und Nadelwäldern; sehr häufig.

Ähnliche Arten: Der Schmutzige Rötelritterling *(Lepista sordida)* ist kleiner und schmutzig lilabraun, hat aber den gleichen süßlichen Geruch. Er wächst oft büschelig und gerne an Wegrändern. Die violetthütigen Schleierlinge (Seite 125), unter denen sich auch ungenießbare Arten befinden, sind zwar in der Färbung ähnlich, bei genauer Betrachtung aber an dem vom Hut zum Stiel gespannten, später eine faserige Ringzone bildenden und von den Sporen rostbraun gefärbten Schleier zu unterscheiden. Ihre jung lila oder grau gefärbten Lamellen werden alt meist rostbraun.

123 Lilastielritterling G

Lepista personata

Hut: in der Form völlig dem Violetten Rötelritterling gleichend, aber nur sehr blaß lila, meist weißgrau. **Lamellen:** wie beim Violetten Rötelritterling, aber nur schmutzig cremefarben. **Stiel:** wie beim Violetten Rötelritterling; jung kräftig blauviolett gefärbt. **Fleisch:** im Stiel kräftig lila, im Hut weißlich-grau. Sporenpulver creme rosa. **Vorkommen:** im Oktobe und November auf Wiesen un an Waldrändern, meist in Re hen und Kreisen.

Ähnliche Arten: Der Blasse Rö telritterling *(Lepista glaucoce na)* ist gleichmäßig blaß fleisch lila, stimmt aber sonst in alle Merkmalen mit dem Violette Rötelritterling und dem Li stielritterling überein. E wächst ebenfalls in Hexenri gen, vorwiegend in Bergwä dern und ist nicht selten. D gleiche Form zeigt auch der a trockenen Wiesen wachsen Graubraune Rötelritterli *(Lepista panaeola),* der si aber durch gleichmäßig h graubraune Färbung und d Fehlen jeglicher Lilatöne u terscheidet.

124 Veilchenritterling

Lepista irina

Hut: jung konvex, später un gelmäßig gewölbt mit lang e gerolltem und etwas bereifte mitunter auch gekerbt Rand; blaß cremeweiß; 8 cm breit. **Lamellen:** jung b cremefarbig, später schmut fleischfarben; dicht stehe und um den Stiel ausgebuch **Stiel:** cremefarbig; ziem lang, gleich dick, etwas fase **Fleisch:** cremefarbig; mit s starkem süßlichem Ger nach Iris oder Veilchenwur Sporenpulver cremefar **Vorkommen:** in Laub- und delwäldern, fast immer in hen oder Kreisen wachsend manchen Gegenden häufig

Ähnliche Arten: Der Mairit ling ist äußerlich ähn wächst aber bereits im F jahr und riecht deutlich n Mehl. Verwechslungsge mit dem giftigen Riesenröt

122

123

124

125 Orangeroter Ritterling ○

Tricholoma aurantium

Hut: jung konvex, später flach; leuchtend orangebraun; etwas körnig und feucht stark schmierig; dickfleischig; bis 10 cm breit. **Lamellen:** weiß, später braun fleckend; dicht stehend und um den Stiel ausgebuchtet. **Stiel:** wie der Hut leuchtend orangefarben, mit scharf abgegrenzter weißer Spitze; körnig. **Fleisch:** weiß; bitterer Geschmack, mit starkem Geruch nach Gurken oder frischem Mehl. Sporenpulver weiß. **Vorkommen:** unter Fichten auf Waldwiesen, meist in Hexenringen; nicht häufig.

126 Brandiger Ritterling ○

Tricholoma ustale

Hut: jung glockig, bald ausgebreitet mit stumpfem Buckel und lang eingerolltem Rand; jung dunkel rotbraun und stark schmierig, alt eintrocknend und schwarzbraun; bis 8 cm breit. **Lamellen:** jung weiß, bald rotbraun fleckend; dicht stehend und um den Stiel ausgebuchtet. **Stiel:** hell rotbraun und meist fein schuppig. **Fleisch:** weiß; etwas bitterer Geschmack, geruchlos; kann bei Genuß Magen-Darmbeschwerden verursachen. Sporenpulver weiß. **Vorkommen:** in Laub- und Nadelwäldern, meist scharenweise, nicht selten büschelig.

Ähnliche Arten: Eine Reihe weiterer brauner Ritterlinge ist nicht leicht zu unterscheiden. Da sich hierunter auch Giftpilze befinden, wird vom Genuß aller braunhütigen Ritterlinge in jedem Fall abgeraten.

127 Bärtiger Ritterling ○

Tricholoma vaccinum

Hut: jung glockig, später konvex bis flach mit breitem Buckel; am Scheitel rotbraun, gegen den Rand in wollige Schuppen aufgelöst; bis 9 cm breit. **Lamellen:** jung creme weiß, bald rotbraun fleckig um den Stiel ausgebuchtet. **Stiel:** blaß rotbraun; schlank **Fleisch:** weiß, etwas rötend bitterer Geschmack. Sporenpulver weiß. **Vorkommen:** ab September in Laub- und Nadelwäldern, an Wegränder und zwischen Gras; vor allen in Berglagen sehr häufig.

Ähnliche Arten: Der Schuppig Ritterling *(Tricholoma imbricatum)* wächst unter Kiefern hat am Rand grobe Schuppe die beim Aufreißen das hel Hutfleisch sichtbar werden lassen. Auch Rißpilze (siehe Sei 120) können ähnlich aussehe haben aber erdgraue, nicht ro braun verfärbende Lamelle

128 Purpurfilziger Holzritterling

Tricholomopsis rutilans

Hut: konvex; jung dicht r purpurnen, filzigen Flöckch bedeckt, die später zum T verschwinden und die gel Grundfarbe hervortreten l sen; meist 6–8 cm, selten 20 cm breit. **Lamellen:** von A fang an hell goldgelb; dü und dicht stehend, um den S ausgebuchtet. **Stiel:** auf ge lich-weißer Grundfarbe purpurroten, später verschw denden Schüppchen; gle dick. **Fleisch:** gelblich-we geruchlos und milder schmack. Sporenpulver w **Vorkommen:** nur auf Na holz, meist an oder ne Strünken; häufig.

125

links
126
rechts
127

128

129 Schwarzfaseriger Ritterling [S]

Tricholoma portentosum

Hut: jung halbkugelig, bald konvex bis flach; dunkel grauschwarz, selten auch mit gelb-, grün- oder bläulichen Tönen; meist streifig-faserig, etwas klebrig; bis 10 cm breit. **Lamellen:** jung weiß, alt gilbend; dicht stehend, ausgebuchtet. **Stiel:** weiß, alt mitunter gilbend; etwas faserig. **Fleisch:** weiß; schwacher Mehlgeruch, milder Geschmack. Sporenpulver weiß. **Vorkommen:** ab September in Nadelwäldern, meist gruppenweise; gebietsweise häufig. **Verwertung:** schmeckt vorzüglich in jeder Zubereitung. **Ähnliche Arten:** Verwechslungsgefahr mit mehreren ähnlichen, leicht giftigen Ritterlingen; unbedingt auf Gelbfärbung der Lamellen achten!

130 Mäusegrauer Erdritterling [G]

Tricholoma terreum

Hut: jung glockig, bald breit kegelig bis flach und häufig mit undeutlichem Buckel; hellgrau bis fast schwarz; fein wollig-schuppig; bis 8 cm breit. **Lamellen:** weißgrau, alt etwas grauend; ziemlich dicht stehend, ausgebuchtet, mit gekerbter Schneide. **Stiel:** weißgrau; glatt oder etwas grau wollig-faserig, mit bereifter Spitze. **Fleisch:** weißgrau, Geschmack mild, schwacher Mehlgeruch. Sporenpulver weiß. **Vorkommen:** in Laub- und Nadelwäldern; häufig.
Ähnliche Arten: Verwechslungsgefahr mit dem giftigen Tigerritterling und anderen, schwach giftigen, grauhütigen Ritterlingen.

131 Seifenritterling

Tricholoma saponaceum

Hut: jung konvex, später flach in der Farbe äußerst veränder-lich, meist weißgrau bis dunke grauschwarz, aber auch mi olivgrünen oder rötlichen Tö-nen; glatt oder schuppig; bi 12 cm breit. **Lamellen:** weiß auch grüngrau oder rötlich, be Druck langsam rötend; dic und entfernt stehend, ausge-buchtet. **Stiel:** meist weiß un mit grauen Schüppchen; of lang und tief im Boden wur-zelnd. **Fleisch:** jung weiß, alt rö-tend; mit Geruch nach Seifen-lauge, an dem man den sons überaus veränderlichen Pi sofort erkennt; kann bei Ge-nuß Magen-Darmbeschwe-den auslösen. Sporenpulv weiß. **Vorkommen:** ab Septem-ber in Laub- und Nadelwä-dern, gruppenweise; häufig.

132 Tigerritterling

Tricholoma pardalotum

Hut: jung konvex, bald in wo-lige Schuppen aufreißend, sp-ter flach oder unregelmäß verbogen; jung weißgrau, gelegentlich bräunliche oder la Farbtöne annehmend; 12 cm breit. **Lamellen:** schm-zig-weiß oder gelblich; zie-lich dick und entfernt stehe ausgebuchtet. **Stiel:** weiß u etwas faserig; kräftig, ju auch etwas keulig, jung an Spitze mit Wassertropf **Fleisch:** weiß; mit Mehlgeru milder Geschmack. Sporenp-ver weiß. **Vorkommen:** m gesellig in Laub- und Na-wäldern; häufig.
Kurz nach Genuß des (we schmeckenden!) Pilzes tre starke, tagelang anhalte Magen-Darmbeschwerden

129

links
130
rechts
131

132

133 Schwefelritterling ○

Tricholoma sulphureum

Hut: jung fast halbkugelig, später konvex oder unregelmäßig trichterförmig verbogen; jung hell schwefelgelb mit rötlichbrauner Mitte, alt graugelb oder schmutzig bräunlich; bis 7 cm breit. **Lamellen:** leuchtend schwefelgelb; dick und weit voneinander entfernt stehend, um den Stiel tief ausgebuchtet. **Stiel:** hell schwefelgelb; gleich dick oder bauchig, etwas faserig. **Fleisch:** gelb; mit sehr starkem unangenehmem Geruch nach Leuchtgas, löst bei Genuß Magen-Darmbeschwerden aus. Sporenpulver weiß. **Vorkommen:** in Laub- und Nadelwäldern, vor allem entlang von Wegen; häufig.

Ähnliche Arten: Der Krötenritterling *(Tricholoma bufonium)* unterscheidet sich nur durch einen schön dunkel purpurbraunen Hut. Er wächst vor allem in Bergnadelwäldern. Einen hell ockerlichen, etwas kleineren Hut und einen weißen, etwas faserig-schuppigen Stiel hat der in Nadelwäldern wachsende Lästige Ritterling *(Tricholoma inamoenum).* Er riecht ebenfalls unangenehm leuchtgasartig.

134 Grünling [G] ▽

Tricholoma equestre

Hut: jung konvex, später flach; am Scheitel schmutzig olivbraun, gegen den Rand heller grüngelb; stark schmierig und meist mit Sand und Nadeln beklebt. **Lamellen:** schwefelgelb; dünn und dicht stehend, um den Stiel ausgebuchtet. **Stiel:** hell schwefelgelb; gleich dick oder am Grund etwas knollig, tief im Boden steckend. **Fleisch:** leuchtend zitronengelb; milder Geschmack, mit starkem Mehlgeruch. Sporenpulver weiß. **Vorkommen** meist in Nadelwäldern, vor allem unter Kiefern auf sandigen Böden; selten und sollte deshalb geschont werden.

Ähnliche Arten: Ähnliche Aussehen, aber weiße Lamellen hat der Scheckigbunte Ritterling *(Tricholoma fucatum*, der häufig zusammen mit den Grünling wächst und ebenfall eßbar ist. Unangenehm könnt dagegen die Verwechslung m dem Grüngelben Ritterlin *(Tricholoma sejunctum)* we den, der sich durch einen meh braunen Hutscheitel und jun weiße, alt gelb verfärbend Lamellen unterscheidet. Di ser bitter schmeckende Pi kann Magen-Darmbeschwe den auslösen. (Vgl. auch d Pilze mit gelben Lamellen a Seite 131 und 133, unter dene sich auch giftverdächtige Art befinden.)

135 Schwarzgrüner Ritterling

Tricholoma viridilutescens

Hut: konvex bis flach, oft v bogen und gebuckelt; me gelbgrün mit schwarzgrün Scheitel, aber auch reingrün oliv, in der Farbe oft ein Grünen Knollenblätter ähnlich; bis 6 cm breit. **Lam len:** jung weiß, später v Rand her gelb verfärbe mit auffallend grob gesäg Schneide. **Stiel:** jung weiß, s ter gelb verfärbend; gle dick. **Fleisch:** weiß, gelb ver bend; milder Geschmack, o Mehlgeruch. Sporenpu weiß. **Vorkommen:** vorwieg in Nadelwäldern, besonders Alpengebiet und in den no schen Ländern; selten.

133

134

135

136 Wurzelnder Samtrübling

Xerula melanotricha

Hut: in Form und Farbe dem Wurzelnden Schleimrübling ähnlich, aber trocken und dunkelbraun samtig; bis 9 cm breit. **Lamellen:** weiß; dick und entfernt stehend. **Stiel:** gleichmäßig dunkelbraun samtig; lang und sehr tief wurzelnd. Sporenpulver weiß. **Vorkommen:** Unter Weißtannen, selten.

137 Wurzelnder Schleimrübling

Xerula radicata

Hut: jung kegelig, bald flach ausgebreitet mit breitem Bukkel; hell rötlich- bis gelbbraun; runzelig und stark schleimig; dünnfleischig; bis 8 cm breit. **Lamellen:** weiß; dick und entfernt stehend, um den Stiel ausgebuchtet. **Stiel:** blaß bräunlich, oft gestreift; sehr tief im Boden wurzelnd; zäh. Sporenpulver weiß. **Vorkommen:** einzeln im Buchenwald, gelegentlich an Stümpfen.

138 Gemeiner Weichritterling

Melanoleuca melaleuca

Hut: jung konvex, bald flach oder etwas trichterförmig; dunkel braungrau; glatt und kahl; bis 10 cm breit. **Lamellen:** weiß; schmal und sehr dicht stehend, um den Stiel ausgebuchtet. **Stiel:** heller braungrau; ziemlich kurz, am Grund oft etwas keulig. **Fleisch:** weiß; milder Geschmack und geruchlos. Sporenpulver weiß. **Vorkommen:** ab Mai gesellig in Nadelwäldern, zwischen Gras oder an Wegrändern; häufig. **Ähnliche Arten:** Die zahlreichen Weichritterlingsarten mit weißen bis schwarzbraunen Hutfarben sind auch für Kenner schwer zu unterscheiden.

139 Breitblättriger Holzrübling

Megacollybia platyphylla

Hut: jung konvex, bald flach; hell braungrau und meist gestreift; trocken; bis über 10 cm breit. **Lamellen:** weiß; dick, sehr breit und entfernt stehend um den Stiel tief ausgebuchtet. **Stiel:** hell graubraun, etwas längsgestreift; gleich dick **Fleisch:** weiß; geruchlos und milder Geschmack. Sporenpul ver weiß. **Vorkommen:** von Ma bis Oktober ausschließlich ar Stümpfen von Laub- und Na delhölzern, entweder direk dem Holz entspringend ode durch dicke Myzelfäden mi diesem verbunden; häufig.

140 Rehbrauner Dachpilz

Pluteus cervinus

Hut: konvex bis flach; dunk rehbraun; alt am Scheitel fei schuppig; meist 5–8, selten b 15 cm breit. **Lamellen:** jur weiß, später hellrosa; dicht st hend, nicht am Stiel angewac sen. **Stiel:** weiß, manchmal m bräunlichen Fasern oder Fle ken. **Fleisch:** weiß; geruchl und milder Geschmack. Sp renpulver rosa. **Vorkommen:** Strünken verschiedener Lau und Nadelhölzer, meist ei zeln, gelegentlich auf Rinde resten, dann büschelig und se zahlreich auftretend.

Ähnliche Arten: Der Schwar schneidige Dachpilz *(Plute atromarginatus)* ist etwas dur ler und besitzt eine schwa braune Lamellenschneide.

links
136
rechts
137

138

links
139
rechts
140

141 Gefleckter Rübling ○

Collybia maculata

Hut: jung konvex, bald unregelmäßig verbogen; jung reinweiß, später zunehmend mit rostroten Flecken, alt auch gleichmäßig rostrot; trocken und glatt; bis über 10 cm breit. **Lamellen:** weiß; sehr dicht stehend, um den Stiel tief ausgebuchtet, mit stark gesägter Schneide. **Stiel:** weiß, später rostfleckig; gleich dick; kahl und gelegentlich verdreht, deutlich gestreift; am Grund nicht selten bauchig angeschwollen und tief im Boden wurzelnd. **Fleisch:** weiß; sehr zäh; bitterer Geschmack, geruchlos. Sporenpulver weiß. **Vorkommen:** meist um Stümpfe in Nadelwäldern, reihenweise und oft büschelig.

Ähnliche Arten: Der Verdrehte Rübling *(Collybia distorta)* hat ebenfalls sehr dicht stehende, grob gesägte und später rotbraun fleckende Lamellen, aber einen von Anfang an rotbraunen und oft unregelmäßig verbogenen Hut. Sein Stiel ist weiß, stark längsstreifig und regelmäßig verdreht.

142 Schmieriger Schleimschirmling ○

Limacella glioderma

Hut: jung konvex, später flach; jung satt rotbraun, dann ausblassend; stark schmierig-schleimig; bis 6, selten bis 12 cm breit. **Lamellen:** gelblichweiß; dünn und dicht stehend, am Stiel etwas angewachsen. **Stiel:** mit flockig-wolliger, ringartiger Zone und darunter rötlich schuppig gegürtelt; schlank, gleich dick. **Fleisch:** weiß; milder Geschmack, mit starkem Mehlgeruch. Sporenpulver weiß. **Vorkommen:** einzeln oder gruppenweise in Laub- und Nadelwäldern; ziemlich selten.

Ähnliche Arten: Der Getropfte Schleimschirmling *(Limacella guttata)* ist größer, hat einen helleren, fleischbraunen Hu und einen häutigen Ring, de mit Wassertropfen besetzt ist die beim Eintrocknen grau braune Flecken hinterlassen.

143 Großer Scheidling ○

Volvariella gloiocephala

Hut: jung glockig, später flac gewölbt; elfenbeinweiß mi hellgrauer Mitte; stark schmie rig; bis 12 cm breit. **Lamellen** jung weiß, später schmutzigro sa; ziemlich breit und mäßi dicht stehend, am Stiel nich angewachsen. **Stiel:** weiß ziemlich lang und schlank, oh ne Ring; am Grund etwas kno lig mit einer tief im Boden stek kenden, weißen, häutige Scheide. **Fleisch:** weiß; mild Geschmack. Sporenpulver r sa. **Vorkommen:** meist auf Ä kern, aber auch auf Wiesen, i Parkanlagen und auf Friedh fen; ziemlich selten, aber mi unter recht gesellig.

Der Pilz tritt in manchen Ja ren massenhaft auf und wi dann als »Champignon« g sammelt. In älteren Pilzb chern wird er gelegentlich giftig bezeichnet.

Ähnliche Arten: Die mit d Wulstlingen nahe verwandt Scheidlinge haben am St nicht angewachsene, alt v den Sporen rosa gefärbte L mellen und wie die Knoll blätterpilze eine häutige Sch de am Stielgrund. Die meis Arten sind aber wesentlich kl ner; ihre Hutfarbe schwa zwischen weiß und dunk grau.

141

142

143

144 Rotbrauner Scheidenstreifling [G]

Amanita fulva

Hut: jung eiförmig und völlig von der innen weißen, außen hell rotbraunen Hülle umschlossen, später konvex bis flach, alt auch schüsselförmig; gleichmäßig rotbraun mit etwas hellerem, von Anfang an kammartig gerieftem Rand; bis 8 cm breit. **Lamellen:** weiß; sehr dicht stehend, am Stiel nicht angewachsen. **Stiel:** weiß; ziemlich lang und schlank, von der Spitze zur Basis allmählich etwas dicker werdend, ohne Ring; meist mit feinen, gleichfarbigen Flöckchen bedeckt; am Grund in einer häutigen, außen bräunlichen Scheide steckend; hohl. **Fleisch:** weiß; geruchlos und milder Geschmack. Sporenpulver weiß. **Vorkommen:** meist scharenweise in Laub- und Nadelwäldern an feuchten Stellen, auch in Mooren; häufig.

Ähnliche Arten: Die Scheidenstreiflinge bilden innerhalb der Gattung der Wulstlinge *(Amanita)* eine eigene Gruppe, die sich durch das Fehlen des Ringes unterscheidet. Alle Arten haben einen von Jugend an kammartig gerieften Hutrand. Der Safranrote Scheidenstreifling *(Amanita crocea)* ist etwas größer, heller orangebraun, hat einen genatterten Stiel. Die Unterscheidung der weiteren, sehr nahe verwandten und häufig nur als Varietäten betrachteten Scheidenstreiflinge ist schwierig und, da alle Arten eßbar sind, nur von wissenschaftlichem Interesse. Einen wachs- bis orangegelben und nur gelegentlich undeutlich gerieften Hut hat der Narzissengelbe Wulstling *(Amanita gemmata)*. Der Pilz, dessen Genießbarkeit umstritten ist, verliert frühzeitig seinen Ring und sieht dann einem Scheidenstreifling täuschend ähnlich.

145 Umbrabrauner Scheidenstreifling [G]

Amanita battarrae

Hut: jung eiförmig-glockig später konvex, alt auch flach jung von der weißen, schalen artigen Hülle umschlossen später kahl oder mit einzelnen größeren Hüllfetzen; am Schei tel schmutzig umbra- bis oliv braun, gegen den von Anfan an stark kammartig geriefte Rand viel heller und gelegent lich fast weiß; bis 12 cm brei **Lamellen:** weiß; dicht stehend am Stiel nicht angewachsen **Stiel:** hell graubraun oder gelb lich genattert; kräftig, ohn Ring, gegen den Grund allmäh lich dicker werdend, mit tief i Boden steckender, scheidena tiger Hülle. **Fleisch:** weiß; mi der Geschmack und geruchlo Sporenpulver weiß. **Vorkommen:** in Nadelwäldern, einze oder gruppenweise, vor alle im Gebirge; ziemlich häufig.

Ähnliche Arten: Mit ähnlich Farben, aber auch mit rötlich oder gelbbraunen Tönen u häufig mit Hüllresten auf de Hut zeigt sich der noch etw größere Riesenscheidenstre ling *(Amanita ceciliae)*, der Laub- und Nadelwäldern nic selten ist. Verwechslungsgefa mit den beiden tödlich giftig Knollenblätterpilzen; desha beim Sammeln von Scheide streiflingen, vor allem jung noch von der Hülle ein schlossener und am Rand w ßer Fruchtkörper, unbedi auf die kammartige Riefu des Hutrandes achten!

144

145

146 Grüner Knollenblätterpilz †

Amanita phalloides

Hut: jung eichelförmig oder halbkugelig und von einer weißen, eierschalenartigen Hülle bedeckt, später konvex, alt flach oder etwas schüsselförmig; meist dunkel olivgrün mit hellerem Rand, aber auch zitronengelb, gelb oder reinweiß; jung etwas schmierig; bis 14 cm breit. **Lamellen:** weiß, niemals rosa oder grau verfärbend; dicht stehend und am Stiel nicht angewachsen. **Stiel:** meist hell olivgrün genattert; lang und schlank, mit weit oben angesetztem, häutigem und leicht zerreißendem, nicht selten am Hutrand hängendem Ring; am Grund mit einer breiten, von den Resten der schalenartigen Hülle umgebenen Knolle. **Fleisch:** weiß; jung geruchlos, alt mit deutlich süßlichem, an Kunsthonig erinnerndem Geruch. Sporenpulver weiß. **Vorkommen:** in Laubwäldern, vor allem unter Eichen und Buchen, nicht in höheren Lagen. Das in den giftigen Knollenblätterpilzen enthaltene α-Amanitin führt zu einer Zerstörung der Leber und wirkt schon in geringen Mengen tödlich. Das Gift ist koch- und hitzebeständig und jahrelang wirksam. 50 g Frischpilze sind für einen Erwachsenen tödlich.

Ähnliche Arten: Weißhütige Egerlinge (Champignons), mit denen der Pilz häufig verwechselt wird, besitzen von Anfang an graue oder rosagraue Lamellen und keine Scheide. Junge Scheidenstreiflinge sind am Hutrand gerieft. Verwechslungen mit anderen grünhütigen Blätterpilzen unterlaufen nur unkundigen Sammlern.

147 Kegelhütiger Knollenblätterpilz †

Amanita virosa

Hut: jung eiförmig und völlig von der weißen, schalenartigen Außenhülle umschlossen, später kegelig oder konvex, aber niemals flach oder trichterförmig; reinweiß, nur alt am Scheitel etwas bräunlich; jung ziemlich schmierig; bis 10 cm breit. **Lamellen:** weiß, niemals rosa oder grau; dicht stehend und am Stiel nicht angewachsen. **Stiel:** weiß; ziemlich lang, grob weißflockig; mit weit oben angesetztem, häutigem und leicht zerreißendem, oft vorzeitig verschwindendem oder abfallendem Ring; am Grund mit einer breiten, von der weißen, schalenartigen Scheide umgebenen Knolle. **Fleisch:** weiß; Geruch süßlich honigartig wie beim Grünen Knollenblätterpilz. Sporenpulver weiß. **Vorkommen:** häufig und meist gruppenweise in Nadelwäldern, vor allem in höheren Lagen; enthält die gleichen Gifte wie der Grüne Knollenblätterpilz.

Ähnliche Arten: Andere weißhütige Blätterpilze mit weißen Lamellen, beringtem Stiel und einer schalenartigen Hülle gibt es nicht. Verwechslungen mit den beim Grünen Knollenblätterpilz aufgeführten ähnlichen Arten kommen jedoch immer wieder vor. Besondere Vorsicht ist beim Sammeln von Scheidenstreiflingen geboten. Junge Formen des Umbrabraunen Scheidenstreiflings haben oft einen weißen Hutrand und sind dann nur an der nach Entfernung der Scheide sichtbar werdenden Riefung zu unterscheiden.

146

147

148 Zitronengelber Knollenblätterpilz ○

Amanita citrina

Hut: jung halbkugelig, bald konvex oder flach; hell zitronengelb, seltener reinweiß; fast immer mit grobflockigen Resten der gelblichen Hülle bedeckt; bis 8 cm breit. **Lamellen:** weiß; dicht stehend und am Stiel nicht angewachsen. **Stiel:** weiß; mit dauerhaftem, hängendem Ring und einer breiten, napfförmigen, aber nicht von schalenartigen Hüllresten umgebenen Knolle. **Fleisch:** weiß; mit Geruch nach rohen Kartoffeln. Sporenpulver weiß. **Vorkommen:** in Laub- und Nadelwäldern; häufig.

149 Perlpilz S

Amanita rubescens

Hut: jung halbkugelig, später regelmäßig konvex oder flach; hell rötlichbraun, seltener weißlich, gelbbraun oder graurötlich; mit meist zusammenhängenden, abwischbaren, schmutzig graurötlichen Hüllresten bedeckt; bis 15 cm breit. **Lamellen:** weiß, im Alter rötlich fleckend; dicht stehend, am Stiel nicht angewachsen. **Stiel:** weiß, mit feinen, später rötenden Flocken bekleidet; gegen den Grund gleichmäßig dicker werdend, mit breitem, hängendem, weißem bis gelblichem und stark kammartig gerieftem Ring; am Grund mit warzig besetzter, breiter Knolle. **Fleisch:** weiß, in Madenfraßgängen und bei Verletzung langsam rötend. Sporenpulver weiß. **Vorkommen:** ab Juni in Laub- und Nadelwäldern; häufig. **Verwertung:** einer der besten Speisepilze; für alle Zubereitungsarten, aber nicht zum Trocknen geeignet.

Ähnliche Arten: Verwechslungsgefahr mit dem sehr giftigen Pantherpilz. Der angeblich giftige Falsche Perlpilz *(Amanita pseudorubescens)* existier nach neuer Erkenntnis nicht.

150 Fliegenpilz

Amanita muscaria

Hut: jung kugelig und völli von der weißen, warzigen Hü le umschlossen, später konve alt flach oder etwas schüsse förmig und am Rand kamma tig gerieft; leuchtend orang bis scharlachrot, unter der Hu haut zitronengelb; bis 15 c breit. **Lamellen:** weiß; dicht st hend, am Stiel nicht angewac sen. **Stiel:** weiß; gleich di mit breitem, hängendem u kammartig gerieftem Ring; a Grund mit einer runden, a Rand mit warzigen Hüllrest besetzten Knolle. **Fleisc** weiß; milder Geschmack, g ruchlos. Sporenpulver we **Vorkommen:** in Nadelwälde vor allem in Fichtenanpfla zungen, oft gruppenweis häufig.

Neben unbedeutenden Me gen an Muscarin enthält Fliegenpilz den Wirkstoff M cimol, der Bewußtseinsstör gen und Halluzinationen h vorruft. Da er noch weite bisher nicht bekannte Gi enthält, die zu schweren sundheitsstörungen, in se nen Fällen sogar zum Tode f ren, wird vor Kostversuc dringend gewarnt.

Ähnliche Arten: Der Kön fliegenpilz *(Amanita reg* des Bergwaldes hat einen g bis dunkelbraunen Hut mit ber Farbe unter der Huth Er gleicht sonst völlig dem F genpilz und ist ebenfalls gi

148

149

150

151 Pantherpilz †

Amanita pantherina

Hut: jung halbkugelig, alt flach und häufig, aber nicht immer am Rand kammartig gerieft; hell leberbraun bis dunkelumbra; jung von einer weißflockigen Hülle umschlossen, die später in Form von reinweißen, grob warzigen und am Rand oft regelmäßig angeordneten Pusteln zurückbleibt. **Lamellen:** weiß; dicht stehend, am Stiel nicht angewachsen. **Stiel:** weiß; ziemlich schlank, mit schmalem, glattem, niemals kammartig gerieftem Ring; am Grund mit einer von warzigen Hüllresten gesäumten, stulpenförmigen Knolle. **Fleisch:** weiß; milder Geschmack. Sporenpulver weiß. **Vorkommen:** in Laub- und Nadelwäldern; gebietsweise häufig; Formen mit ungerieftem Hutrand meist in höheren Lagen.

Die Giftwirkung entspricht der des Fliegenpilzes, ist aber stärker und führt unter Umständen auch zum Tode.

152 Porphyrbrauner Wulstling ○

Amanita porphyria

Hut: jung fast kugelig, später konvex bis flach; dunkel graubis porphyrbraun; mit grauen, faserig-häutigen Hüllresten bekleidet; bis 8 cm breit. **Lamellen:** weiß; dicht stehend, am Stiel nicht angewachsen. **Stiel:** weißgrau; mit bald abfallendem, schmalem und nur sehr undeutlich gerieftem Ring; am Grund mit einer breiten, napfförmigen Knolle. **Fleisch:** weiß; mit Rettichgeruch. Sporenpulver weiß. **Vorkommen:** meist einzeln in Nadelwäldern; häufig.

153 Fransenwulstling G V

Amanita strobiliformis

Hut: jung kugelig, später konvex; auf weißem Grund mit großen und dicken, wolligen Fetzen der Hülle bedeckt; bis über 20 cm breit werdend. **Lamellen:** weiß; dicht stehend. **Stiel:** weiß; dick, mit tief im Boden steckender Knolle; unterhalb des bald abfallenden Rings grob flockig. **Fleisch:** weiß; mit schwach rübenartigem Geruch. Sporenpulver weiß. **Vorkommen:** meist einzeln in Laubwäldern und Parkanlagen; ziemlich selten und deshalb zu schonen.

154 Grauer Wulstling [

Amanita spissa

Hut: jung konvex, später flach; weißgrau, graubraun bis dunkel rußiggrau; mit hellgrauen meist zusammenhängenden abwischbaren Hüllresten bedeckt; Rand nicht gerieft; b 12 cm breit. **Lamellen:** wei dicht stehend und am St nicht angewachsen. **Sti** weiß; gegen den Grund dick werdend; unterhalb des br ten, hängenden und imm kammartig gerieften Rings mit feinen grauen Flöckche Knolle nicht abgesetzt und Rand mit Hüllresten. **Fleis** weiß; milder Geschmack, Rettichgeruch. Sporenpul weiß. **Vorkommen:** ab Fr sommer in Laub- und Nad wäldern; häufig.

Der Pilz ist eßbar, aber nicht sonders wohlschmeckend.

Ähnliche Arten: Verwec lungsgefahr mit dem sehr g gen Pantherpilz und dem s seltenen giftigen Königs genpilz, der sich vom Pant pilz durch die gelbe Farbe ter der Huthaut unterschei

151

links
152
rechts
153

154

155 Riesenschirmling, Parasol S

Macrolepiota procera

Hut: ganz jung kegelig und einheitlich dunkel rotbraun; bald paukenschlegelförmig und vom Rand her in grobe, wollige Schuppen aufreißend; in der Mitte glatt und später stumpf gebuckelt; alt konvex bis flach; bis 30 cm breit. **Lamellen:** weiß; breit und dicht stehend, am Stiel nicht angewachsen; alt häufig mit bräunender Schneide. **Stiel:** durch die aufreißende Außenhaut grau genattert; sehr lang und schlank, mit knolligem Grund; mit breitem, verschiebbarem, oben weißflockigem, unten braunem, gelegentlich vorzeitig abfallendem Ring; hohl. **Fleisch:** weiß; im Stiel sehr zäh und faserig; milder Geschmack mit angenehmem Geruch. Sporenpulver weiß. **Vorkommen:** meist gruppenweise in Laubwäldern, an Waldrändern und auf Wiesen; häufig. **Verwertung:** Die Hüte lassen sich wie Schnitzel braten und schmecken ausgezeichnet. Roh verzehrt kann der Pilz allerdings Vergiftungserscheinungen hervorrufen.

Ähnliche Arten: Die Riesenschirmlinge der Gattung *Macrolepiota* sind an dem frei beweglichen Ring zu erkennen. Von den zahlreichen, meist viel kleineren Schirmlingsarten der Gattung *Lepiota* können etliche, vor allem der Spitzschuppige Schirmling, die Größe von Riesenschirmlingen erreichen. Sie besitzen aber niemals einen frei am Stiel verschiebbaren Ring.

156 Safranschirmling S

Macrolepiota rachodes

Hut: jung kugelig und hellgrau gefärbt; bald in angedrückte wollige und regelmäßig angeordnete Schuppen aufreißend, Scheitel dunkelbraun und glatt; alt konvex oder flach, seltener auch schüsselförmig, meist nicht gebuckelt; bis 15 cm breit. **Lamellen:** weiß, bei Druck etwas bräunend; breit und ziemlich dicht stehend, am Stiel nicht angewachsen. **Stiel** gleichmäßig hell graubraun nicht genattert; lang und schlank mit breiter, die Nadelstreu zusammenballende Knolle; innen hohl; mit breitem, verschiebbarem, fransigem Ring. **Fleisch:** weiß, an der Luft bei Verletzung langsam safranbraun anlaufend; milder Geschmack und geruchlos Sporenpulver weiß. **Vorkommen:** meist gruppenweise in Nadelwäldern zwischen Nadelstreu; häufig. **Verwertung** wie beim Riesenschirmling.

Ähnliche Arten: Es gibt eine ähnliche, etwas dunkler braune Abart, den Gartenschirmling mit kräftigerem, etwas trichterförmigem Ring und fast rundlicher Stielknolle, die in Gärten wächst und Vergiftungserscheinungen auslösen soll. Ansonsten sind alle Riesenschirmlinge, die an dem frei verschiebbaren Ring zu erkennen sind, eßbar. (Vgl. auch den Hinweis auf ähnliche Arten beim Riesenschirmling.)

155

156

157 Feurigbescheideter Schirmling ○

Lepiota ignivolvata

Hut: jung eiförmig, bald konvex bis flach, am Scheitel oft etwas gebuckelt; haselbraun, gegen den Rand heller und in ockerbraune, angedrückte Schüppchen aufgelöst; bis über 10 cm breit. **Lamellen:** weiß; sehr dicht stehend, am Stiel nicht angewachsen. **Stiel:** ziemlich lang; mit einer schräg verlaufenden und oft unvollständigen, mit einem orangebraunen Streifen versehenen Gürtelzone. **Fleisch:** weiß; mit stechendem, gasähnlichem Geruch. Sporenpulver weiß. **Vorkommen:** meist gruppenweise in Laubwäldern, vor allem an feuchten Stellen unter Buchen in tiefem Laub, selten.

158 Spitzschuppiger Schirmling ○

Lepiota acutesquamosa

Hut: jung eiförmig, später konvex bis flach; am Scheitel rostbraun, gegen den Rand meist mit kegelförmig aufgerichteten, dunkel rostbraunen Warzen besetzt, dazwischen das weiße Hutfleisch durchscheinend; meist 6–9 cm breit. **Lamellen:** weiß; äußerst dicht stehend, häufig gegabelt, am Stiel nicht angewachsen. **Stiel:** Spitze weiß, unterhalb des häutigen, breiten und hängenden Rings rotbraun flockig-schuppig; gleich dick mit etwas knolligem Grund. **Fleisch:** weiß; mit unangenehmem Gasgeruch. Sporenpulver weiß. **Vorkommen:** in Laub- und Nadelwäldern; häufig.

Ähnliche Art: *Lepiota perplexa* ist erheblich seltener und an den nicht gegabelten Lamellen zu unterscheiden.

159 Zitzenschirmling G

Macrolepiota mastoidea

Hut: jung kegelig-glockig, bald konvex oder flach mit kleinem kräftigem, brustwarzenförmigem Buckel; in der Mitte hel rehbraun und fein körnig, gegen den Rand kleiig-schuppig und aufreißend, so daß der weiße Untergrund sichtbar wird meist bis 8, selten bis 15 cm breit. **Lamellen:** weiß; dicht stehend, am Stiel nicht angewachsen. **Stiel:** schlank, knollig, etwas genattert und mit breitem verschiebbarem Ring. Sporenpulver weiß. **Vorkommen** meist einzeln in Laubwäldern ziemlich selten und sollte deshalb geschont werden.

160 Stinkschirmling (

Lepiota cristata

Hut: jung glockig, bald konv oder flach; mit dunkel rot- b schwarzbraunem Scheitel, g gen den Rand auf weiße Grund mit kreisförmig au gerichteten, dunkelbraun Schüppchen; bis 4 cm breit. **La mellen:** weiß; dicht steher **Stiel:** jung weiß, alt rötend; r häutigem, bald abfallend Ring. **Fleisch:** weiß; mit st kem Leuchtgasgeruch. Spor pulver weiß. **Vorkommen:** sc renweise in Laub- und Nac wäldern, vor allem entlang v Waldstraßen; sehr häufig.

Ähnliche Arten: Unter c zahlreichen kleinen, teils ringten, teils unbering Schirmlingen befinden sich liche sehr giftige Arten, so vor Kostversuchen in jec Fall dringend gewarnt wird Ähnliche, unberingte Schi linge sind auf Seite 35 abge det.

157

links
158
rechts
159

160

161 Starkriechender Körnchenschirmling ○

Cystoderma carcharias

Hut: jung konvex, später auch flach, meist mit breitem und stumpfem Buckel; hell fleischbraun körnig, mit flockigem Rand; 3–5 cm breit. **Lamellen:** weiß; dicht stehend und um den Stiel tief ausgebuchtet. **Stiel:** gleich dick; an der Spitze kahl; unterhalb des aufsteigenden, nach unten abziehbaren, häutigen und dauerhaften Rings gleichmäßig feinkörnig. **Fleisch:** weiß; mit unangenehmem Geruch. Sporenpulver weiß. **Vorkommen:** meist scharenweise und spät im Jahr in Nadelwäldern; häufig.
Ähnliche Arten: Der Trügerische Körnchenschirmling *(Cystoderma fallax)* ist größer, mehr orangebraun gefärbt und wächst recht selten in Gebirgsnadelwäldern.

162 Zinnoberroter Körnchenschirmling ○ ▽

Cystoderma terrei

Hut: konvex, alt auch flach; purpur- bis zinnoberrot und gleichmäßig feinkörnig; meist 3–5, selten bis 8 cm breit. **Lamellen:** weiß; sehr dicht stehend und um den Stiel tief ausgebuchtet. **Stiel:** rostrot und unterhalb des undeutlichen, bald verschwindenden Ringes etwas flockig; gleich dick oder am Grund etwas bauchig. **Fleisch:** weiß; geruch- und geschmacklos. Sporenpulver weiß. **Vorkommen:** in Nadelwäldern, gelegentlich auch unter Laubbäumen oder an morschem Holz, meist gruppenweise; ziemlich selten und sollte deshalb geschont werden.

163 Amiant-Körnchenschirmling ○

Cystoderma amiantinum

Hut: konvex und oft mit kleinem, undeutlichem Buckel, alt auch flach, manchmal etwas runzelig; hell gelbbraun, gelegentlich auch ockerlich; gleichmäßig feinkörnig; meist 2–3, selten bis 6 cm breit. **Lamellen:** jung weiß, alt strohblaß; dicht stehend und um den Stiel tief ausgebuchtet. **Stiel:** gleich dick, mit schwach knolligem Grund; meist ziemlich lang und oft etwas verbogen; Spitze kahl, mit undeutlichem Ring; darunter gelbbraun körnig-schuppig. **Fleisch:** gelblich; mit etwas moderigem, unangenehmem Geruch. Sporenpulver weiß. **Vorkommen:** wächst fast das ganze Jahr über in Nadelwäldern; häufig.

164 Rostroter Körnchenschirmling ○ ▽

Cystoderma granulosum

Hut: jung konvex, später flach leuchtend ziegelorange bi rostrot; gleichmäßig feinkör nig, gelegentlich faltig-runzel ig; bis 4 cm breit. **Lamellen** weiß; dicht stehend, um de Stiel tief ausgebuchtet. **Stiel** lang und schlank, mit flüchti gem, weißflockigem Ring; da unter fein rostrot körni **Fleisch:** weiß oder rötlich; ge ruchlos. Sporenpulver weiß **Vorkommen:** in kleinen Grup pen in Nadelwäldern; selte und sollte geschont werden.
Ähnliche Arten: Die Gattun Körnchenschirmling unte scheidet sich von den übrige Schirmlingen durch eine gleichmäßig feinkörnige Überzug auf dem Hut, der sic auf der Ringunterseite bis zu Stielgrund fortsetzt.

161

links
162

rechts
163

164

165 Wiesenchampignon S

Agaricus campestris

Hut: jung halbkugelig, später flach; weiß, im Alter gelegentlich etwas graubraun und schuppig werdend, bei Druck nicht verfärbend; bis 10 cm breit. **Lamellen:** jung hell graurosa, nie reinweiß, später purpurbraun bis fast schwarz; dicht stehend und am Stiel nicht angewachsen. **Stiel:** gleich dick, ohne Knolle, ziemlich kurz; mit breitem, hängendem und bald verschwindendem Ring. **Fleisch:** weiß, im Anschnitt schwach rötlich verfärbend; Geruch angenehm, nicht nach Anis. Sporenpulver dunkel rotbraun. **Vorkommen:** meist scharenweise auf Wiesen und Weiden; stellenweise häufig. **Verwertung:** für alle Gerichte und Zubereitungsarten verwendbar, aber ohne besonderen Eigengeschmack.

Ähnliche Arten: Verwechslungsgefahr mit den beiden tödlich giftigen Knollenblätterpilzen! Von unkundigen Sammlern werden andere weißhütige, auf Wiesen wachsende Pilze mit teilweise völlig anderem Aussehen, zum Beispiel der Große Scheidling, mit dem Wiesenchampignon verwechselt. An gleichen Stellen, oft auch in Hausgärten trifft man auf den eßbaren Egerlingsschirmling *(Leucoagaricus pudicus)*, der einem Wiesenchampignon täuschend ähnlich sieht, aber weiße, alt zart rosafarbene Lamellen hat.

166 Stadtchampignon S

Agaricus bitorquis

Hut: jung halbkugelig mit eingerolltem Rand, später in der Mitte flach; jung weiß, später etwas grau oder ockerlich; festfleischig; bis 10 cm breit. **Lamellen:** jung graurosa, dann dunkel purpurbraun; dicht stehend und am Stiel nicht angewachsen. **Stiel:** weiß; kurz mit zuspitzendem Grund und 2 getrennten Ringen. **Fleisch:** weiß, schwach rötend; mit angenehmem Geruch, milder Geschmack. Sporenpulver purpurbraun. **Vorkommen:** meist gruppenweise an Straßenrändern, zwischen Schotter; kann sogar die Teerdecke hochheben; immer außerhalb von Wäldern. **Verwertung:** wie beim Wiesenchampignon; der Pilz ist allerdings festfleischiger und kräftiger im Geschmack.

167 Waldchampignon S

Agaricus silvaticus

Hut: jung halbkugelig, späte flach; satt rot- bis graubraun mit breiten, festgewachsene Schuppen bedeckt; bis 10 cr breit. **Lamellen:** jung purpu grau, alt sehr dunkel; dicht ste hend, am Stiel nicht angewach sen. **Stiel:** bräunlich; häufi mit kleiner Knolle und breiten hängendem Ring. **Fleisc** weiß, im Anschnitt rot anla fend; milder Geschmack. Sp renpulver purpurbraun. **Vo kommen:** ab Frühsomm gruppenweise in Nadelwä dern; häufig. **Verwertung:** Ju ge Fruchtkörper eignen sich f alle Zubereitungsarten.

Ähnliche Arten: Der Bärti Ritterling sieht von oben äh lich aus, hat aber keinen Ri und weiße, später rotbrau Lamellen. Der Kleine Bl egerling *(Agaricus hämorrh darius)* unterscheidet si durch im Anschnitt sofort bl rot anlaufendes Fleisch.

165

166

167

168 Großsporiger Egerling G

Agaricus macrosporus

Hut: jung halbkugelig, später konvex bis flach; weiß, bei Druck langsam gelb verfärbend; fein seidig-schuppig; bis 25–50 cm breit. **Lamellen:** jung grau, später purpurbraun; dicht stehend und am Stiel nicht angewachsen. **Stiel:** kräftig und sehr dick, ziemlich kurz; mit sehr breitem und dikkem, anfangs waagrecht abstehendem und am Rand zahnradförmig gezacktem Ring; darunter gelblich flockig. **Fleisch:** weiß, im Anschnitt im Stiel langsam orange oder rötlich anlaufend; milder Geschmack, mit schwachem Anisgeruch. Sporenpulver purpurbraun. **Vorkommen:** meist ab Juni an Waldrändern und auf Wiesen; selten.

Ähnliche Arten: Verwechslungsgefahr mit den tödlich giftigen Knollenblätterpilzen!

169 Anisegerling S

Agaricus abruptibulbus

Hut: jung kugelig, später breit konvex oder flach; jung reinweiß und fein seidig, gelegentlich auch flockig, dünnfleischig, bei Berührung sofort gelb verfärbend; im Alter oft wässerig fleischpurpurn, nicht selten auch gelb; bis 12 cm breit. **Lamellen:** anfangs purpurgrau, alt fast schwarz; dicht stehend, am Stiel nicht angewachsen. **Stiel:** weiß; ziemlich lang, kräftig, mit breitem, häutigem und hängendem Ring; am Grund mit einer kleinen, abgestutzten und etwas gerandeten Knolle. **Fleisch:** weiß, im Anschnitt nicht verfärbend; mit Anisgeruch. Sporenpulver purpurgrau. **Vorkommen:** gruppenweise in Nadelwäldern; häufig. **Verwertung:** Trotz des intensiven Anisgeruchs für Pilzgemüse, vor allem auch für Salate geeignet; weist allerdings sehr hohe Schwermetallkonzentrationen (Cadmium) auf. Verwechslungsgefahr mit den tödlich giftigen Knollenblätterpilzen!

Ähnliche Arten: Der Dünnfleischige Anisegerling *(Agaricus silvicola)* in Laub- und Nadelwäldern ist sehr ähnlich, hat aber noch dünneres Hutfleisch. Der größere Schafegerling *(Agaricus arvensis)* auf Wiesen hat keine Stielknolle.

170 Karbolegerling †

Agaricus xanthoderma

Hut: jung kugelig, später konvex; jung reinweiß, später he graubraun verfärbend un manchmal in grobe, scholligе Schuppen aufbrechend, meis aber glatt bleibend, bei Druc gilbend; bis 10 cm breit. **Lamellen:** jung rosa, später zunel mend dunkel schokoladen braun; dicht stehend und a Stiel nicht angewachsen. **Stie** ziemlich lang und schlan glatt, mit häutigem, unterse flockigem Ring und deutlich Knolle am Grund. **Fleisc** weiß, in der Stielknolle b Druck lebhaft chromgelb ve färbend; frisch meist geruc los, alt und besonders beim K chen unangenehm nach Ka bolineum oder Tinte riechen Sporenpulver purpurbrau **Vorkommen:** meist in größer Gruppen an Waldrändern, Parkanlagen, auf Wiese ziemlich häufig.

Der Karbolegerling verursa unmittelbar nach Genuß he ges Erbrechen, aber keine l ger anhaltenden Beschwerd

168

169

170

171 Beringter Schleimrübling ○

Oudemansiella mucida

Hut: jung kugelig, später gleichmäßig konvex; weiß bis hellgrau; etwas runzelig und dick mit glasigem Schleim überzogen, dünnhäutig; alt am Rand gerieft; bis 6 cm breit, selten größer. **Lamellen:** weiß; dick und weit entfernt stehend, mit wachsartigem Aussehen. **Stiel:** weiß oder hellgrau; ziemlich steif, mit breitem, oberseits gerieftem Ring. **Fleisch:** weiß; geruchlos. Sporenpulver weiß. **Vorkommen:** auf Buchen- oder Eichenholz, an feucht liegenden Ästen und Stämmen; stellenweise häufig.

172 Ringdüngerling ○

Panaeolus fimiputris

Hut: eiförmig oder glockig; hell lehm- bis tonfarben und schmierig-glänzend; bis 4 cm breit. **Lamellen:** grauschwarz fleckig, alt schwarz mit weißer Schneide; dicht stehend. **Stiel:** weißgrau; mit kleiner Knolle am Grund, unterhalb der Mitte beringt; hohl. Sporenpulver schwarz. **Vorkommen:** ausschließlich auf Kuhfladen, im Gebirge auf Almwiesen häufig.

173 Grünspanträuschling

Stropharia aeruginosa ○

Hut: jung kegelig-glockig, später konvex bis flach; jung dunkel blaugrün bis grünspanfarben und mit weißen, auf der abziehbaren Schleimhaut schwimmenden Flöckchen, später verblassend und alt hell ockergelb; bis 6 cm breit. **Lamellen:** weißgrau, später purpurgrau; ziemlich dicht stehend; mit weißflockiger Schneide. **Stiel:** auf hell blaugrünem Grund mit einem gerieften, oberseits von Sporen purpurschwarz bestäubten Ring, darunter weißflockig; später kahl. **Fleisch:** weiß, im Stiel grünlich; geruchlos, alt etwas bitterer Geschmack. Sporenpulver purpurschwarz. **Vorkommen:** in Laub- und Nadelwäldern, vorwiegend an feuchten Stellen; häufig.

Ähnliche Arten: *Stropharia caerulea,* eine meist übersehene, aber häufige Art, hat die gleiche Hutfarbe, aber mehr braune Lamellen mit einer weniger stark flockigen Schneide und einen nur flüchtig beringten und kaum flockigen Stiel.

174 Üppiger Träuschling ○▽

Stropharia hornemannii

Hut: jung konvex, später flach; violettgrau bis hell kastanienbraun und stark schleimig; jung am Rand mit weißen Flöckchen; bis 15 cm breit. **Lamellen:** weißgrau, später violettgrau; dicht stehend. **Stiel:** ziemlich lang, gleich dick, mit häutigem, alt oft abfallendem Ring; darunter weißflockig. **Fleisch:** weiß; mit unangenehmem Geruch und Geschmack. Sporenpulver grauschwarz. **Vorkommen:** an und um stark vermoderten Strünken von Nadelhölzern, vorwiegend im Gebirge, in tiefen Lagen selten; giftverdächtig!

Ähnliche Arten: Noch größer wird der auf Äckern wachsende Rotbraune Riesenträuschling *(Stropharia rugosa-annulata)* mit gelb- bis rotbraunen Hutfarben. Er ist in der Natur sehr selten, läßt sich aber leicht züchten und wird deshalb unter der Bezeichnung »Braunkappe« zur Selbstzucht angeboten.

171

links
172
rechts
173

174

175 Wurzelmöhrling G

Catathelasma imperiale

Hut: jung halbkugelig, später konvex, seltener auch in der Mitte flach mit lang eingerolltem Rand; hell kastanien- bis rehbraun und stark streifig-marmoriert; jung auch mit weißen Hüllresten bedeckt; dickfleischig; bis 20 cm breit. **Lamellen:** weiß; sehr schmal, ziemlich dicht stehend und alt etwas am Stiel herablaufend. **Stiel:** sehr dick und kräftig, hartfleischig; mit weißer Spitze und 2 getrennten, schmalen und nach oben abziehbaren Ringen; gegen den Grund bräunend und rübenartig zugespitzt. **Fleisch:** weiß, auffallend schwer, mit starkem Mehlgeruch, milder Geschmack. Sporenpulver weiß. **Vorkommen:** einzeln wachsend in Nadelwäldern auf Kalkböden, ziemlich selten, im Gebirge häufiger; sollte geschont werden.

176 Glimmer-schüppling G

Phaeolepiota aurea

Hut: jung halbkugelig, später konvex oder flach, meist stumpf gebuckelt; schön gelb- bis orangebraun; feinkörnig oder samtig, gelegentlich runzelig, dickfleischig; bis 20 cm breit. **Lamellen:** hell rostbraun; dicht stehend, am Stiel nicht angewachsen. **Stiel:** dick, am Grund etwas keulig angeschwollen; mit hellgelber Spitze, sehr breitem, häutigem, nach unten abziehbarem, unterseits gelbbraunem, körnigem Ring; darunter wie der Hut gelbbraun körnig-kleiig. **Fleisch:** weiß oder gelblich; milder Geschmack. Sporenpulver rostbraun. **Vorkommen:** an Wegrändern, in Parkanlagen; ziemlich selten.

Der Glimmerschüppling ge-
hört zu den schönsten Pilzen
Europas. Er wird trotz seine
rostbraunen Sporen der Ver-
wandtschaft der Schirmling
zugeordnet.

177 Reifpilz S

Rozites caperatus

Hut: jung halbkugelig, späte
konvex, alt flach oder etwa
schüsselförmig; jung mit einen
glänzenden, blaßvioletten Re
überzogen, der bei feuchte
Wetter bald abgewaschen wir
darunter hell honigbraun, a
runzelig; bis 10 cm breit. **La-
mellen:** von Anfang an he
milchkaffeebraun; dicht st
hend und etwas runzelig verb
gen, mit fein gesägter Schneid
um den Stiel ausgebucht
Stiel: gleich dick mit abgestut
tem Grund und weißflockig
Spitze; in der Mitte mit eine
schmalen, häutigen und sch
beim jungen Pilz unter de
Hut sichtbaren Ring. **Fleisc**
blaß bräunlich marmoriert; g
ruchlos und milder G
schmack. Sporenpulver ro
braun. **Vorkommen:** oft gesel
in sauren Nadelwäldern, v
allem bei Heidelbeeren; zie
lich häufig. **Verwertung:** ei
der wohlschmeckendsten u
ergiebigsten Speisepilze; eig
sich besonders für Gemüse u
zu Fleischspeisen.

Ähnliche Arten: Zahlrei
Schleierlinge haben eine d
Reifpilz täuschend ähnli
Form und Hutfärbung; sie
sitzen aber keinen Ring
Stiel. Beim Sammeln ganz j
ger, noch völlig violett berei
Reifpilze kann es zu Verwec
lungen mit jungen Lila-Dick
ßen kommen, die oft am g
chen Standort wachsen, a
ungenießbar sind.

175

176

177

178 Hallimasch G

Armillaria mellea

Hut: jung konvex, später flach; auf honigfarbenem, seltener olivbraunem Grund dunkler schuppig, später am Rand gerieft; meist 5–10 cm breit. **Lamellen:** jung cremefarben, bald hell bräunlich und fleckig; dicht stehend und am Stiel herablaufend. **Stiel:** mit schmalem, unterseits gelb- oder rotbraun schuppigem Ring und meist bauchigem Grund. **Fleisch:** bräunlich; geruchlos und milder Geschmack. Sporenpulver weiß. **Vorkommen:** büschelig an Laub- und Nadelhölzern; häufig; kann auch lebende Bäume befallen!

Der Pilz kann, vor allem nicht ausreichend gegart, bei empfindlichem Magen Beschwerden auslösen.

Ähnliche Arten: Verwechslungsgefahr mit den tödlich giftigen Rauhköpfen (Seite 122).

179 Stockschwämmchen S

Kuehneromyces mutabilis

Hut: jung konvex mit eingerolltem Rand, bald flach und meist stumpf gebuckelt; feucht honigbraun und etwas schmierig mit gerieftem Rand, trocken ausblassend und von der Mitte her hell gelbbraun verfärbend; bis 5 cm breit. **Lamellen:** jung weißlich, bald blaß zimtbraun; dicht stehend. **Stiel:** lang und verbogen, hohl, an der Spitze oft gerieft; unterhalb des meist umgerollten und von den Sporen rostbraun gefärbten Rings auf braunem Grund mit zahlreichen helleren Schüppchen; alt kahl werdend. **Fleisch:** bräunlich; ohne Mehlgeruch, milder Geschmack. Sporenpulver rostbraun. **Vorkommen:** von Mai bis Oktober stets büschelig an Laubholzstümpfen, im Gebirge auch an Nadelholz; überall häufig. **Verwertung:** Die Pilzhüte eignen sich zur Verfeinerung von Suppen und Soßen.

Ähnliche Arten: Verwechslungsgefahr mit dem sehr giftigen Gesäumten Häubling.

180 Gesäumter Häubling †

Galerina marginata

Hut: jung glockig-konvex, später fast flach; feucht honigbraun und am Rand von den durchscheinenden Lamellen gerieft, fettig glänzend, trocken gelbbraun; meist 2–4 cm breit. **Lamellen:** blaß rostbraun; dünn und dicht stehend. **Stiel:** lang und schlank; an der Spitze weiß bereift, mit häutigem aber nicht umgerolltem und oft abfallendem Ring; abwärts flockig oder faserig, vom Grund her schwarzbraun verfärbend; hohl. **Fleisch:** bräunlich; milder Geschmack, mit Mehlgeruch. Sporenpulver rostbraun. **Vorkommen:** meist rasig, aber auch büschelig an Nadelholzresten, liegenden Stämmen, auch Stümpfen, gelegentlich an Buchenholz; häufig, aber wenig bekannt.

Der Pilz enthält in gefährlicher Menge α-Amanitin, das Gift der Knollenblätterpilze, und kann tödliche Vergiftungen verursachen!

Ähnliche Arten: Das eßbare Stockschwämmchen sieht diesem sehr gefährlichen Giftpilz so ähnlich, daß die beiden Arten manchmal nur am Geruch zu unterscheiden sind. Auch Verwechslungen mit dem Samtfußrübling, der aber keinen Ring hat und im Winter wächst, kommen vor.

178

179

180

181 Grünblättriger Schwefelkopf ○

Hypholoma fasciculare

Hut: jung konvex, später ausgebreitet; orangebraun mit schwefelgelbem, gelegentlich auch grünlich-gelbem Rand; bis 5 cm breit. **Lamellen:** jung schwefelgelb, bald Grüntöne annehmend und alt graugrün; ziemlich schmal und um den Stiel ausgebuchtet, sehr dicht stehend. **Stiel:** schwefelgelb; oft mit faseriger Ringzone, darunter jung etwas schuppig, später bräunend. **Fleisch:** hell schwefelgelb; sehr bitterer Geschmack; löst bei Genuß Magen-Darmbeschwerden aus. Sporenpulver dunkelbraun. **Vorkommen:** ab Mai an Laubholzstrünken, gelegentlich auch an Nadelholz; häufig.

182 Rauchblättriger Schwefelkopf S

Hypholoma capnoides

Hut: jung halbkugelig, später konvex und oft unregelmäßig; jung gelb, später am Scheitel mit fuchsigen Tönen; 3–6 cm breit. **Lamellen:** jung weiß, bald purpurgrau, niemals gelb oder grün; dicht stehend und um den Stiel ausgebuchtet. **Stiel:** gelb, vom Grund her rostbraun werdend; jung gelegentlich mit faseriger Ringzone, abwärts etwas seidig-faserig, alt kahl werdend. **Fleisch:** gelblichweiß; mit angenehmem Geruch, milder Geschmack. Sporenpulver dunkelbraun. **Vorkommen:** ganzjährig, dicht büschelig an Nadelholzstrünken; häufig. **Verwertung:** wie beim Stockschwämmchen.

Ähnliche Art: Verwechslungsgefahr mit dem sehr bitteren Grünblättrigen Schwefelkopf.

183 Geflecktblättriger Flämmling ○

Gymnopilus penetrans

Hut: konvex; hellgelb, am Scheitel auch schön goldgelb; kahl und glatt; bis 5 cm breit. **Lamellen:** jung hellgelb, später rostbraun fleckig; schmal und dicht stehend, um den Stiel etwas ausgebuchtet. **Stiel:** gelb; schwach faserig; gleich dick, ohne Ring, am Grund oft mit weißem Filz des Pilzgeflechts. **Fleisch:** schmutzigweiß, im Stiel ockergelb; geruchlos und etwas bitterer Geschmack. Sporenpulver rostbraun. **Vorkommen:** meist nicht büschelig, aber oft in großen Scharen an Stümpfen und toten Ästen verschiedener Nadelhölzer; häufig.

184 Ziegelroter Schwefelkopf ○

Hypholoma sublateritium

Hut: jung konvex, später flach leuchtend ziegelrot bis -orange gegen den Rand blasser rötlich gelb und häufig mit weißen, fa serigen Schüppchen; bis 8 cn breit. **Lamellen:** jung gelblich weiß, später dunkel olivgra bis -braun; dicht stehend un um den Stiel ausgebuchte **Stiel:** orange- bis rostbraun jung oft mit faseriger Ringzon darunter faserig oder schuppi **Fleisch:** weiß, im Stiel gelblich bitterer Geschmack. Spore pulver oliv-purpurbraun. **Vo kommen:** büschelig an Strü ken verschiedener Laub- un Nadelhölzer; häufig.

Ähnliche Arten: Der Safranro Schüppling *(Pholiota astraga na)* hat eine ähnliche Hutfarb aber jung gelbe, später olivg be Lamellen. Man trifft auf i nur an Nadelholzstümpfe meist im Bergland.

181

links
182

rechts
183

184

185 Kegeliger Rißpilz ✝

Inocybe rimosa

Hut: jung spitzkegelig, später ausgebreitet, aber stets spitz gebuckelt, stark faserig und vom Rand her einreißend; blaß strohfarben, seltener graubraun oder zitronengelb; bis 5 cm breit. **Lamellen:** jung weißgrau, später schmutzig grauoliv; Schneide weißflokkig. **Stiel:** weiß und fein bereift. **Fleisch:** mit teigartigem Geruch. Sporenpulver tabakbraun. **Vorkommen:** in Laub- und Nadelwäldern, entlang von Waldwegen, häufig.

Der Pilz enthält Muscarin, sein Genuß kann tödliche Folgen haben!

186 Seidenrißpilz ✝

Inocybe geophylla

Hut: jung eiförmig, später breit glockig und mit kleinem Bukkel; meist weiß, selten auch bräunlich oder schön violett; bis 3 cm breit. **Lamellen:** jung weiß, bald tonfarben; Schneide etwas flockig. **Stiel:** weiß; ohne Knolle. **Fleisch:** weiß; mit teigartigem Geruch. Sporenpulver tabakbraun. **Vorkommen:** in Laub- und Nadelwäldern, vor allem an Wegen; sehr häufig.

Der Pilz ist wegen seines hohen Muscarin-Gehalts sehr giftig; sein Genuß kann tödliche Vergiftungen verursachen!

187 Sternsporiger Rißpilz ○

Inocybe asterospora

Hut: jung kegelig, später konvex mit breitem Buckel; dunkel kastanienbraun und gleichmäßig faserig gestreift; alt einreißend; 3–6 cm breit. **Lamellen:** jung weißgrau, alt zimtbraun. **Stiel:** hell rotbraun mit weiß bereifter Spitze; am Grund mit einer breiten, napfförmigen, weißen Knolle. **Fleisch:** mit starkem, teigartigem Geruch. Sporenpulver tabakbraun; Sporen unter dem Mikroskop sternförmig. **Vorkommen:** in Laub- und Nadelwäldern. nicht häufig.

188 Gefleckter Rißpilz ○

Inocybe maculata

Hut: jung spitzkegelig, späte breit glockig oder flach mi kräftigem Buckel und von Rand her einreißend; dunke umbrabraun und in der Mitt mit weißgrauen Flecken; bi 4 cm breit. **Lamellen:** jun weißgrau, alt olivbraun; mei ziemlich dicht stehend und u den Stiel tief ausgebuchte **Stiel:** jung ziemlich hell und a der Spitze fein bereift, alt brä nend; lang und schlan **Fleisch:** weiß; mit teigartige Geruch. Sporenpulver dunke braun. **Vorkommen:** zwische Gras und in Wäldern; häufi

189 Braunscheibiger ○ Rißpilz

Inocybe phaeodisca

Hut: jung glockig-konvex u oft gebuckelt, später ausgebr tet; in der Mitte hell rotbra gegen den fast weißen Rand kleine Faserschuppen auf löst; bis 2 cm breit. **Lamell** jung blaßocker, dann zi braun; dicht stehend; mit h ler, fein flockiger Schnei **Stiel:** blaß rosabraun; s dünn und oft verbog **Fleisch:** weiß; milder (schmack und geruchlos. S renpulver dunkelbraun. **V kommen:** oft scharenweise feuchten Laubwäldern; nur bietsweise häufig, sonst sel

links
185
rechts
186

187

links
188
rechts
189

190 Zweifarbiger Wasserkopf ○ ▽

Cortinarius bicolor

Hut: jung glockig, später ausgebreitet und mit undeutlichem, stumpfem Buckel; feucht jung violettbraun, später dunkel kastanienbraun, trokken hell rehbraun; bis 5 cm breit. **Lamellen:** jung lila, bald dunkel zimtrostbraun; dick und weit entfernt stehend, sehr breit, um den Stiel ausgebuchtet. **Stiel:** gleichmäßig blaulila und etwas längsfaserig, gegen den Grund mitunter mit weißen, gürtelartigen Zonen; ziemlich lang, gleich dick oder am Grund etwas zugespitzt. **Fleisch:** wässerig lilabraun; mit deutlichem Rettichgeruch. Sporenpulver rostbraun. **Vorkommen:** gruppenweise meist in feuchten Nadelwäldern, mitunter auch im Laubwald, ziemlich selten und sollte deshalb geschont werden.

191 Strubbeliger Gürtelfuß ○

Cortinarius strobilaceus

Hut: jung glockig, später flach mit kräftigem, ziemlich spitzem Buckel; feucht dunkel haselbraun, trocken schmutzig gelbbraun, dicht mit spitzen, gelblichen Schüppchen besetzt; bis 4 cm breit. **Lamellen:** dunkel gelb-rostbraun; ziemlich dick und etwas entfernt stehend. **Stiel:** wie der Hut gefärbt, mit wollig-flockigen, gelbbraunen Gürtelzonen; sehr lang und schlank. Sporenpulver rostbraun. **Vorkommen:** gruppenweise in Nadelwäldern, seltener im Laubwald; vor allem im Bergland ziemlich häufig.

192 Duftender Gürtelfuß ○

Cortinarius paleaceus

Hut: jung glockig, später flach, meist mit kräftigem, spitzem Buckel; feucht dunkel graubraun bis umbra, mitunter mit lila Tönen, trocken meist hell gelbbraun, dicht mit spitzen weißen oder braunen Schüppchen bekleidet, seltener auch kahl; bis 3 cm breit. **Lamellen:** gelbbraun, ziemlich dicht stehend. **Stiel:** graubraun, mit einer weißen Ringzone und darunter weißflockig; lang und schlank. **Fleisch:** dunkel graubraun; zerdrückt mit deutlichem Geruch nach Pelargonium (»Balkon-Geranien«). Sporenpulver rostbraun. **Vorkommen:** scharenweise in Laub- und Nadelwäldern, sehr häufig in feuchten Fichtenwäldern.

193 Glänzender Wasserkopf ○

Cortinarius renidens

Hut: jung konvex, später flach feucht leuchtend orange, vom Scheitel her aprikosengelb ausblassend; bis 5 cm breit. **Lamellen:** lebhaft rostorange; brei und dick, mäßig dicht stehend. **Stiel:** hell orangebraun un längsfaserig; gleich dick ode etwas zuspitzend wurzelnd Ringzone undeutlich oder feh lend. **Fleisch:** wässerig orange braun; milder Geschmac Sporenpulver rostbraun. **Vo kommen:** gruppenweise, mi unter büschelig in Nadelwä dern, meist in Schonungen un zwischen Gras; ziemlich selte **Ähnliche Arten:** Der Apriko sen-Wasserkopf *(Cortinari armeniacus)* hat einen eben lebhaft gefärbten Hut, ab weißen Stiel. Er ist etwas gr ßer und wächst gleichfalls Nadelwäldern.

190

links
191

rechts
192

193

194 Zinnoberroter Hautkopf ○

Cortinarius cinnabarinus

Hut: breit glockig; leuchtend zinnoberrot, feucht und alt auch dunkler blut- oder braunrot; bis 5 cm breit. **Lamellen:** jung zinnoberrot, später mit rostbraunem Reflex; ziemlich dicht stehend. **Stiel:** zinnoberrot; lang und schlank, etwas faserig. **Fleisch:** durchgefärbt lebhaft zinnoberrot; mit erdartigem Geruch. Sporenpulver rostbraun. **Vorkommen:** meist in kleinen Gruppen in Laubwäldern, vor allem unter Buchen; selten.

Ähnliche Arten: Der seltene Schwarzrote Hautkopf *(Cortinarius anthracinus)* wächst in moorigen Wäldern. Er hat einen dunkler schwarzroten, feucht oft völlig schwarzen, am Rand karminroten Hut.

195 Blutblättriger Hautkopf ○

Cortinarius semisanguineus

Hut: jung glockig, bald flach und meist mit kleinem, breitem Buckel; hell haselbraun, fein olivbraun schuppig; bis 5 cm breit. **Lamellen:** jung blutrot, alt etwas rostfarben bestäubt; ziemlich dicht stehend. **Stiel:** lebhaft messingfarben bis gelb; längsfaserig und oft etwas verbogen. **Fleisch:** gelbbraun, im Stiel gelb; mit erdartigem Geruch. Sporenpulver rostbraun. **Vorkommen:** gruppenweise in Nadelwäldern, meist zwischen Moos bei Heidelbeeren, auch in Mooren; ziemlich häufig.

Ähnliche Arten: Gleiche Form und Hutfarbe, aber zitronengelbe Lamellen besitzt der in Laub- und Nadelwäldern nicht seltene Gelbblättrige Hautkopf *(Cortinarius croceus).*

196 Bluthautkopf ○

Cortinarius sanguineus

Hut: jung halbkugelig, später flach oder verbogen; jung dunkel blutrot, alt auch schwarzrot; feinschuppig; 2–4 cm breit. **Lamellen:** dunkel blutrot, von den Sporen rostbraun bestäubt. **Stiel:** blutrot mit heller roten Fasern und manchmal orangefarbenem Grund; gleich dick, meist lang und schlank. **Fleisch:** durchgefärbt blutrot, meist mit schwach erdartigem Geruch. Sporenpulver rostbraun. **Vorkommen:** einzeln oder in kleinen Gruppen in feuchten Nadelwäldern und Mooren; nicht selten.

197 Zimthautkopf ○

Cortinarius cinnamomeus

Hut: jung halbkugelig, a… flach, mit breitem und se… stumpfem Buckel; jung hase… nußbraun, alt auch dunkel un… bra und oft mit Olivton; etw… filzig; 3–5 cm breit. **Lamelle…** jung leuchtend zimtorange b… safranfarben, alt mehr ros… braun; mäßig dicht stehen… **Stiel:** gelbgrün und am Gru… oft mit braunen Fasern; glei… dick und ziemlich lang. **Fleisc…** hell grüngelb; mit schwache… erdartigem Geruch. Spore… pulver rostbraun. **Vorkomme…** meist gruppenweise in Nad… wäldern, seltener auch un… Laubbäumen; nicht selten.

Ähnliche Arten: Einen me… zimtbraunen, am Rand oran… bis safranfarbenen Hut u… noch lebhafter feuerfarbige … mellen hat der ziemlich selt… Feuerblättrige Hautkopf *(C… tinarius malicorius).*

194

links
195

rechts
196

197

198 Glockendüngerling ○

Panaeolus papilionaceus

Hut: kegelig-glockig und am Rand flockig behangen, später kahl und etwas runzelig; dunkel braungrau bis tonfarben; bis 3 cm breit und ebenso hoch. **Lamellen:** jung grau, bald schwarz und mit heller, flockiger Schneide. **Stiel:** anfangs weiß bereift, später schwarz bestäubt; oft etwas verbogen. Sporenpulver schwarz. **Vorkommen:** nur auf Kuhfladen, auf Weideland häufig.

199 Heudüngerling ○

Panaeolus foenisecii

Hut: halbkugelig bis glockig; feucht dunkel purpurbraungrau, trocken tonfarben; bis 3 cm breit. **Lamellen:** hell olivrostfarben mit flockiger Schneide, später dunkel rostbraun und fleckig. **Stiel:** blaß fleischbraun, seidig glänzend; lang und sehr dünn. Sporenpulver purpurbraun. **Vorkommen:** auf frisch gemähten Wiesen und in Zierrasen, nach Regen meist recht häufig.

200 Blutblättriger Buntschirmling ○

Melanophyllum haematospermum

Hut: konvex; dunkel braungrau flockig und am Rand behangen; 2–3 cm breit. **Lamellen:** dunkel blutrot; dicht stehend. **Stiel:** auf karminrotem Grund braungrau körnig-mehlig; schlank und dünn. Sporenpulver frisch grünlich, alt rostbraun. **Vorkommen:** an Wegrändern zwischen Gras und Brennesseln; selten.

201 Halbkugeliger Träuschling ○

Stropharia semiglobata

Hut: halbkugelig; hell zitronen- bis ockergelb, schmierig; bis 3 cm breit. **Lamellen:** jung weißgrau, alt dunkel olivgrau mit heller, flockiger Schneide **Stiel:** ockergelb; ziemlich lang gleich dick, mit flüchtigem meist fehlendem Ring, darunter klebrig. Sporenpulver purpurbraun. **Vorkommen:** an gedüngten Stellen, fast regelmäßig auf alten Kuhfladen; häufig.

202 Gesäter Tintling ○

Coprinus disseminatus

Hut: kegelig-glockig, sehr za und stark gerieft; weißgrau nicht zerfließend; bis 1 c breit. **Lamellen:** grau, alt fa schwarz; dünn und ziemlic entfernt stehend. **Stiel:** wei etwas durchscheinend, se dünn und gebrechlic schwach mehlig. Spor schwarz. **Vorkommen:** ab M dichtrasig an Strünken und a Grund lebender Bäume; häufig.

203 Scheibchentintling

Coprinus xanthotrix

Hut: jung eiförmig, später a gebreitet; in der Mitte ock gelb, gegen den Rand weißgr und faltig gefurcht; jung weißen Flocken, dünnhäu und sehr kurzlebig; bis 4 breit. **Lamellen:** bald gr schwarz, dicht stehend. **St** weiß; ziemlich lang, jung weißen Flöckchen. Spo schwarz. **Vorkommen:** feuchter Erde in Laubwälde seltener an Holz; nicht sel

links
198

rechts
199

links
200

rechts
201

links
202

rechts
203

204 Glimmertintling ○

Coprinus micaceus

Hut: jung eiförmig, später kegelig-glockig; gelbbraun bis fuchsig; faltig gerieft, jung am Scheitel bereift; bis 3 cm breit und ebenso hoch. **Lamellen:** grauweiß, später schwarz mit hellerer, flockiger Schneide. **Stiel:** weiß; ohne Ring. Sporen schwarz. **Vorkommen:** ab Mai scharenweise auf feuchter Erde und an Strünken; häufig.

205 Faltentintling ✝

Coprinus atramentarius

Hut: jung eiförmig, später breit glockig; hell graubraun und gerieft, jung am Scheitel etwas flockig-bereift; bis 7 cm breit und ebenso hoch. **Lamellen:** jung weißgrau, später schwarz. **Stiel:** weiß; gleich dick, am Grund scheidenartig beringt. **Fleisch:** weiß; geruchlos und milder Geschmack. Sporen schwarz. **Vorkommen:** in Vorgärten, an Straßenrändern, in Wäldern nur entlang der Wege; ziemlich häufig.

Der Faltentintling enthält das nur in Verbindung mit Alkohol giftig wirkende Coprin. 1–2 Tage vor und nach Genuß des Pilzes darf unter keinen Umständen und in keiner Form Alkohol konsumiert werden.

206 Schopftintling S

Coprinus comatus

Hut: jung eichelförmig, weiß mit hellbraunem, glattem Scheitel und aufgerollten flokkigen Schuppen, später vom Rand her aufrollend, rosa, dann schwarz und zerfließend; bis 5 cm breit und 8 cm hoch. **Lamellen:** jung weiß, vom Rand her zunächst purpurrötlich, später schwarz und zerfließend. **Stiel:** weiß; ziemlich kräftig, mit tief unten sitzendem, bald abfallendem Ring. **Fleisch:** weiß; milder Geschmack, mit angenehmem Geruch. Sporen schwarz. **Vorkommen:** auf gedüngten Wiesen, Schotter, in Zierrasen und Gärten; häufig. **Verwertung:** Sein ausgesprochen mildes Aroma ist mit keinem anderen Pilz vergleichbar. Eignet sich im Jungzustand besonders gut für Pilzgemüse; muß aber sofort nach dem Sammeln verwendet werden. Verfärbende oder zerfließende Fruchtkörper sind nicht mehr genießbar.

207 Spechttintling ○

Coprinus picaceus

Hut: in der Form wie de Schopftintling, aber dunke dattelbraun mit weißgrauen nicht schuppigen Flocken; al zerfließend. **Lamellen:** jun weißgrau, später schwarz un zerfließend. **Stiel:** wie bein Schopftintling, aber ohne Ring Sporen schwarz. **Vorkommen** einzeln in Laubwäldern, mei unter Buchen; ziemlich selte

208 Wässeriger Zärtling (

Psathyrella piluliformis

Hut: konvex; feucht rotbrau trocken stark ausblassend ur blaß tonfarben; manchmal e was runzelig; bis 4 cm breit. **L mellen:** jung blaß bräunlich, schokoladenbraun, dicht st hend. **Stiel:** jung weiß, bräunend, am Grund wei filzig. **Fleisch:** weiß; sehr br chig, geruchlos und mild Geschmack. Sporenpul schwarzbraun. **Vorkomme** gesellig an feuchten Stel oder auf Brandflächen, se ner an Stümpfen; häufig.

links
204

rechts
205

206

links
207

rechts
208

209 Sparriger Schüppling ○

Pholiota squarrosa

Hut: jung konvex, später ausgebreitet, gelegentlich flach; auf hell strohfarbenem bis orangebraunem Grund dicht mit sparrig abstehenden, am Ende umgerollten, braunen Schuppen bekleidet; bis 6, selten bis 12 cm breit. **Lamellen:** jung wachsfarbig gelblich, später zunehmend oliv-rostbraun; schmal und dicht stehend; jung um den Stiel ausgebuchtet, später auch etwas herablaufend. **Stiel:** an der Spitze gelb und kahl, jung mit faserigem, zum Hutrand gespanntem Schleier und darunter stark rostbraun sparrig-schuppig; gleich dick. **Fleisch:** schmutziggelb; mit rettichartigem Geruch und etwas bitterem Geschmack. Sporenpulver dunkelbraun. **Vorkommen:** auf Stümpfen und am Grund lebender Bäume, meist an Nadelholz, seltener an Laubholz; häufig.

Ähnliche Arten: Der gleich große und zur selben Zeit erscheinende Hallimasch, mit dem der Pilz häufig verwechselt wird, hat einen beringten und niemals sparrig-schuppigen Stiel; die beim Hallimasch dicht angedrückten Schüppchen haben mit dem sparrig bekleideten Hut des Sparrigen Schüpplings kaum Ähnlichkeit.

210 Feuerschüppling ○

Pholiota flammans

Hut: jung konvex mit kleinem Buckel, später flach; leuchtend zitronengelb bis feuerorange und dicht mit gleichfarbigen spitz aufgerichteten Schuppen bedeckt; 3–6, selten bis 10 cm breit. **Lamellen:** jung lebhaf gelb, später hell rostbraun dicht stehend und um den Stie ausgebuchtet. **Stiel:** schwefel gelb; mit faseriger, fast ringarti ger Zone und darunter dich mit gleichfarbigen, sparrig ab stehenden Schuppen bekleide **Fleisch:** zitronengelb, etwa bräunend; mit schwach rettich artigem Geruch und bitterer Geschmack. Sporenpulver ok kerbraun. **Vorkommen:** bü schelig an Nadelholzstümpfe meist an feuchten und schatt gen Stellen, ziemlich häufig.

Ähnliche Arten: Unter de Schüpplingen gibt es Arten m trockenem, sparrig-schupp gem, aber auch schleimi schmierigem Hut. Bei de schleimigen Arten schwimme am Hutrand meist weiße od dunkle Flocken, die bald ve schwinden oder später am H festkleben. Fast alle Schüppli ge sind Holzbewohner. Der S franrote Schüppling *(Pholic astragalina)* wächst ebenfa büschelig an Nadelholz u hat ähnliche, mehr feueroran Farben, aber keine Schupp sondern einen glatten, troc nen und gegen den Rand etw blasseren Hut und mehr ock gelbe, am Stiel kurz herabl fende Lamellen.

209

210

211 Goldfellschüppling ○

Pholiota aurivella

Hut: jung konvex, alt flach; leuchtend orangegelb mit fuchsigbraunem Scheitel; jung stark schleimig-schmierig und mit dunkleren Schüppchen bekleidet, später eintrocknend; bis 12 cm breit. **Lamellen:** jung hellgelb, später braun und häufig mit Olivtönen; dicht stehend und um den Stiel ausgebuchtet. **Stiel:** hell gelbbraun; etwas faserig-flockig, nicht schleimig; unberingt, selten mit undeutlicher Ringzone. Sporenpulver braun. **Vorkommen:** meist büschelig, an Strünken und Wundstellen lebender Bäume, vorwiegend an Laubholz, im Gebirge auch an Nadelholz; oft erst spät im Jahr erscheinend; nicht selten.

Ähnliche Arten: Der ebenfalls büschelig an Laubhölzern wachsende Schleimige Schüppling *(Pholiota adiposa)* besitzt neben einem jung mehr schwefelgelben Hut einen schleimigen Stiel und läßt sich dadurch leicht unterscheiden. Der Fettige Schüppling *(Pholiota lucifera)* ist kleiner, hell zitronengelb mit flüchtigen Schüppchen und wächst in dichten Büscheln in Wäldern und auf Wiesen, aber stets auf vergrabenen Holzstückchen.

212 Tonblasser Schüppling ○

Pholiota lenta

Hut: jung halbkugelig mit eingerolltem Rand, später breit konvex; blaß tonfarben, weißlich-ockerlich; stark schleimig und jung am Hutrand mit weißen, im Schleim schwimmenden Flöckchen; bis 6 cm breit. **Lamellen:** jung weißlich-strohfarben, später blaß tonbraun; dicht stehend, am Stiel etwas ausgebuchtet, alt auch herablaufend. **Stiel:** weiß, gegen den Grund flockig-schuppig und bräunend; gleich dick. **Fleisch:** blaß bräunlich; mit schwachem Rettichgeruch. Sporenpulver braun. **Vorkommen:** gruppenweise, nicht büschelig, auf Laub- oder Nadelstreu, auch an Holzstückchen; häufig.

Ähnliche Arten: Eine mehr fuchsigbraune Färbung und einen stark schleimigen Hut mi am Rand im Schleim schwimmenden weißen Flöckchen ha der größere Weißflockig Schüppling *(Pholiota lubrica)*. Er wächst meist gruppenweis an feuchten Stellen auf Laub hölzern. Sein Fleisch riech schwach rettichartig; die La mellen sind jung weißgrau später etwas grüngelb.

213 Pappelschüppling ○

Pholiota populnea

Hut: jung halbkugelig un rundlich-knollig aus dem Ho hervorbrechend, mit eingerol tem, faserigem Rand, spät konvex, seltener auch gebu kelt; auf blaß tonbraunem, der Mitte auch rostbraune Grund regelmäßig und dic mit weißgrauen, wollig Schuppen bedeckt; bis 20 c breit. **Lamellen:** jung fast we später dunkel zimtfarben; br und dicht stehend; jung aus buchtet, alt am Stiel etwas h ablaufend. **Stiel:** blaß bräu lich und etwas weißschupp kurz und dick, mit knollige wurzelndem Grund. **Fleis** weiß, im Stielgrund zimtbra mit aromatischem Geru Sporenpulver ocker. **Vorko men:** an Strünken und lieg den Stämmen von Pappe ziemlich selten.

211

212

213

214 Tongrauer Fälbling ○

Hebeloma crustuliniforme

Hut: jung konvex, später flach und oft unregelmäßig verbogen; jung hell tongrau bis grauockerlich, alt verblassend; feucht schmierig, trocken etwas glänzend; bis 8 cm breit. **Lamellen:** jung weißgrau, später dunkler zimtbraun; dicht stehend, an der Schneide weißflockig mit winzigen, nur unter der Lupe sichtbaren Wassertröpfchen. **Stiel:** gelblichweiß und jung mit weißen Flocken bedeckt, später kahl; gleich dick oder am Grund etwas knollig. **Fleisch:** weiß; mit starkem Rettichgeruch; löst bei Genuß Magen-Darmbeschwerden aus. Sporenpulver graubraun. **Vorkommen:** ab September meist sehr zahlreich, auch büschelig und in Hexenringen, in Laub- und Nadelwäldern, an Waldrändern und im Gebüsch; häufig.
Ähnliche Arten: Es gibt noch eine Reihe recht ähnlicher Fälblingsarten, die nur schwer zu unterscheiden sind. Zu Verwechslungen führen kann auch der Tonblasse Schüppling, der allerdings weiße, im Hutschleim schwimmende Flöckchen besitzt.

215 Rettichfälbling [†]

Hebeloma sinapizans

Hut: jung konvex, später flach; hell rötlich-braun mit blasserem Rand; feucht stark schmierig, trocken etwas bereift; bis 15 cm breit. **Lamellen:** jung hellgrau, alt dunkel milchkaffeebraun; ziemlich dicht stehend und um den Stiel tief ausgebuchtet. **Stiel:** auf hellem Grund mit groben, alt bräunenden Faserflocken; gleich dick. **Fleisch:** weiß; mit starkem Rettichgeruch. Sporenpulver graubraun. **Vorkommen:** ab September oft massenhaft in Reihen und Kreisen in Laubwäldern; häufig.
Die bei Genuß auftretenden, nachhaltigen Magen-Darmbeschwerden rechtfertigen die Bezeichnung »giftig«.
Ähnliche Arten: Der Mairitterling hat blassere Hutfarbe, ist nicht schmierig und wächst bereits im Frühjahr. Er riecht außerdem nach Mehl. Ähnlich sind auch mehrere Schleierlingsarten. Sie besitzen zwar ebenfalls einen schleimigen Hut, aber keinen weißflockigen Stiel.

216 Spindelfüßiger Fälbling ○

Hebeloma senescens

Hut: jung halbkugelig, späte konvex bis flach; blaß tonfar ben bis rötlichbraun; jung star schmierig und an dem lang ein gerollten Rand deutlich ge kerbt, alt eintrocknend un nicht selten mit dunkelbraune Flecken; bis 8 cm breit, selte größer. **Lamellen:** jung wei grau, später ockerbraun; dic stehend, jung mit flockig Schneide. **Stiel:** meist kurz un mit derber, zwiebeliger, bräunender und im Bod wurzelnder Knolle; selten langgestreckt und fast glei dick, stark weißflockig. **Fleisc** weißlich; jung geruchlos, sp ter mit angenehmem Duft na Kakaopulver. Sporenpul graubraun. **Vorkommen:** me in großen Gruppen ab Mi September in Laub- und N delwäldern, vor allem entla von Forststraßen und in gra gen Fichtenschonungen; Kalkböden häufig.

214

215

216

217 Ziegelroter Rißpilz

Inocybe erubescens

Hut: jung glockig, später breit mit kräftigem, stumpfem Buckel; blaß strohfarben bis haselbraun; alt vom Rand her einreißend und bei Druck langsam ziegelrot anlaufend; meist 4–6, selten bis 10 cm breit. **Lamellen:** jung weiß mit schwachem Rosaton, später olivbraun; ziemlich dicht stehend und mit feinflockiger Schneide. **Stiel:** anfangs weiß, später strohfarben und rötend; gleich dick, gelegentlich am Grund mit gerandeter Knolle. **Fleisch:** weiß, rötend; mit süßlichem Geruch und unangenehmem Geschmack. Sporenpulver tabakbraun. **Vorkommen:** von Mai bis Juni in Laubwäldern und Parkanlagen; nicht häufig, aber mancherorts in großen Mengen.

Das im Ziegelroten Rißpilz in großer Menge enthaltene Pilzgift Muscarin wirkt stark lähmend auf den Kreislauf und kann somit zum Tode führen. Die Giftwirkung läßt sich allerdings durch das Tollkirschengift Atropin weitgehend neutralisieren.

Ähnliche Arten: Der Weinrote Rißpilz *(Inocybe adaequata)* ist in Form und Größe recht ähnlich, hat aber von Anfang an einen dunkel weinroten Hut und einen hellen, am Grund langsam braunlila verfärbenden Stiel. Er kommt in Laub- und Nadelwäldern, meist an feuchten Stellen vor und sollte schon aus Sicherheitsgründen wie alle anderen Rißpilzarten nicht für Speisezwecke verwendet werden. (Weitere Rißpilze sind auf Seite 105 abgebildet.)

218 Duftender Rißpilz

Inocybe bongardii

Hut: jung eingerollt, später glockig oder konvex; rötlichbraun und wollig-schuppig; 3–7, selten bis 10 cm breit. **Lamellen:** hell graubraun, alt auch rötlich- oder olivbraun; mit heller Schneide. **Stiel:** blaß rötlichbraun; ziemlich lang, oben bereift und abwärts faserig. **Fleisch:** weißlich, langsam rötend; mit süßem, fruchtartigem Geruch. Sporenpulver tabakbraun. **Vorkommen:** in Laub- und Nadelwäldern ziemlich häufig.

Ähnliche Arten: Große Ähnlichkeit zeigt mitunter der Bärtige Ritterling. Er riecht aber nicht fruchtartig und hat weißes Sporenpulver.

219 Birnenrißpilz

Inocybe fraudans

Hut: jung glockig, bald ve flacht mit breitem, stumpfe Buckel; strohfarben mit dunk leren Fasern oder Schüppche später vom Rand her einre ßend; meist 4–6, selten bis 9 c breit. **Lamellen:** weißgrau, sp ter wässerig zimtfarben. **Sti** hell strohfarben mit bereif Spitze, abwärts etwas faseri ziemlich kräftig. **Fleisch:** wei lich, mitunter etwas rötend; r sehr starkem, aufdringlich sü lichem, an überreife Birnen innerndem Geruch. Spore pulver tabakbraun. **Vorko men:** in Laub- und Nadelw dern, vorwiegend an feuch Stellen; ziemlich häufig.

Ähnliche Arten: Der Gr scheitlige Rißpilz *(Inocybe rydalina)* ist etwas kleiner u hat einen schwach schuppig meist schmutziggrün getön Hutscheitel. Er riecht ebenf süßlich-obstartig.

217

218

219

220 Orangefuchsiger Rauhkopf

Cortinarius orellanus

Hut: konvex bis flach und gelegentlich mit breitem Buckel; leuchtend orangebraun bis fuchsig; jung feinschuppig, später auch kahl, beim Eintrocknen nicht ausblassend; 3–8 cm breit. **Lamellen:** lebhaft zimtbraun; sehr breit, dick und entfernt stehend. **Stiel:** hell messinggelb, etwas faserig; gleich dick. **Fleisch:** orangegelb; im Anschnitt mit deutlichem Rettichgeruch. Sporenpulver rostbraun. **Vorkommen:** bisher fast nur in wärmeren Gegenden, meist in Laubwäldern mit eingestreuten Kiefern bekannt; gilt als sehr selten und sollte geschont werden.

Der Pilz enthält das nierenschädigende und nicht selten tödlich wirkende Gift Orellanin. Die Vergiftungserscheinungen treten allerdings sehr spät, oft erst nach 1–2 Wochen auf. Da Magen-Darmbeschwerden dabei häufig ganz ausbleiben und die Nierenschädigung nicht immer als Folge einer Pilzvergiftung erkannt wird, bleibt die Ursache oftmals lange unentdeckt. Die Genesung kann sich über ein Jahr hinziehen. Selbst nach 6 Monaten können noch Todesfälle eintreten.

221 Spitzbuckliger Rauhkopf

Cortinarius rubellus

Hut: jung kegelig-glockig, später ausgebreitet, aber immer mit einem kräftigen, spitzen Buckel; lebhaft orange- bis fuchsbraun und feinschuppig; bis 6 cm breit. **Lamellen:** dunkel zimtbraun; sehr breit, dick und entfernt stehend, um den Stiel ausgebuchtet. **Stiel:** wie der Hut gefärbt; faserig und mit zitronengelben Flöckchen bekleidet; gleich dick, sehr lang und meist tief im Moos stekkend. **Fleisch:** durchgefärbt orangebraun; mit schwach rettichartigem Geruch. Sporenpulver rostbraun. **Vorkommen:** in feuchten und moorigen Nadelwäldern; bisher nur aus dem Alpengebiet bekannt, dort aber recht häufig.

Der Pilz enthält wie mehrere verwandte Arten das Gift Orellanin und hat bei Genuß schwere Nierenschädigungen zur Folge. Todesfälle sind bisher nicht nachgewiesen, aber unter Umständen durchaus möglich.

222 Rhabarberfüßiger Rauhkopf

Cortinarius callisteus

Hut: jung halbkugelig, später konvex bis flach; jung leuchtend orangegelb und feinschuppig, alt etwas dunkler; 3–6 cm breit. **Lamellen:** jung orangegelb, später gelbbraun; ziemlich dick und mäßig dicht stehend. **Stiel:** orangegelb und etwas rotbraun schuppig oder faserig; kräftig, mit allmählich keulig verdicktem Grund. **Fleisch:** lebhaft orangegelb, mit Geruch nach heißem, öligem Blech. Sporenpulver rostbraun. **Vorkommen:** einzeln oder in kleinen Gruppen in Nadelwäldern, vor allem in Gebirgsgegenden; ziemlich selten und sollte geschont werden.

Wegen seiner nahen Verwandtschaft zu den sehr giftigen Rauhköpfen sollte dieser Pilz, auch wenn bisher kein Giftgehalt nachgewiesen wurde, keinesfalls für Speisezwecke gesammelt werden.

220

221

222

223 Lila-Dickfuß ○

Cortinarius traganus

Hut: jung kugelig und dem dikken Stiel knopfartig aufsitzend, später konvex mit fransig-filzigem Rand, alt flach; jung blaß amethystviolett und seidigschuppig, später verblassend und ockerlich verfärbend; bis 12 cm breit. **Lamellen:** von Anfang an safran- bis ockerbraun, später dunkel rostbraun; etwas entfernt stehend. **Stiel:** blaßlila, am Grund bräunend, unterhalb der faserigen, von den rostbraunen Sporen bestäubten Ringzone mit seidigem, bläulich schimmerndem Überzug; derb keulig-knollig. **Fleisch:** blaß ockergelb; mit starkem, stechendem Geruch. Sporenpulver rostbraun. **Vorkommen:** gruppenweise in Nadelwäldern, meist zusammen mit Heidelbeeren; ziemlich häufig.

Der Pilz ruft bei Genuß Magen-Darmbeschwerden hervor; allein sein widerlicher Geruch hält jedoch von Kostversuchen ab.

224 Bocksdickfuß ○

Cortinarius camphoratus

Hut: jung halbkugelig mit eingerolltem Rand, später flach; jung schön amethystviolett und seidig-faserig, nicht schuppig, später über ockergrau nach hell rostbraun verblassend; bis 12 cm breit. **Lamellen:** jung schön lila (Unterschied zum Lila-Dickfuß!), dann wässerig zimtbraun; etwas entfernt stehend und um den Stiel ausgebuchtet. **Stiel:** amethystlila, alt verblassend; jung keulig, später gleich dick. **Fleisch:** jung lila, später ockerlich; mit äußerst unangenehmem, an faulende Kartoffeln erinnerndem Geruch. Sporenpulver rostbraun. **Vorkommen:** in Nadelwäldern; gebietsweise häufig.

Der Pilz, der allein wegen seines unangenehmen Geruchs kaum zu Kostversuchen einlädt, löst bei Genuß Magen-Darmbeschwerden aus.

Ähnliche Arten: Der Violette Rötelritterling hat jung die gleichen Farben, riecht aber angenehm süßlich und bekommt niemals rostbraune Lamellen. (Weitere Pilze mit blauen Lamellen, die sich aber nicht rostbraun verfärben, sind auf den Seiten 35 und 67 abgebildet.)

225 Violetter Schleierling ○ ▽

Cortinarius violaceus

Hut: jung halbkugelig bis glokkig, bald konvex oder flach jung dunkel stahlblau-violet und gleichmäßig feinschuppig alt verkahlend, fast schwarz bis 12 cm breit. **Lamellen:** dunkel blauviolett; ziemlich dic und etwas entfernt stehend; a von den rostbraunen Spore bestäubt. **Stiel:** dunkelviolett etwas samtig, mit faseriger, a von den rostbraunen Spore bestäubter Ringzone; dick, m derb keuligem Grund. **Fleisc** blauviolett; mit starkem G ruch nach Zedernholz (Juc tenleder). Sporenpulver ros braun. **Vorkommen:** in Lau wäldern, oft in Hexenringe ziemlich selten, sollte gescho werden.

Ähnliche Arten: In Nadelw dern findet man in den letzt Jahren gebietsweise imm häufiger eine Form mit oft was abweichenden Sporenm ßen, die *Cortinarius hercynic* genannt wird. Beide Form sind aber kaum zu untersch den.

223

224

225

226 Erdigriechender Schleimkopf ○

Cortinarius variecolor

Hut: jung halbkugelig, später konvex bis flach; jung besonders am Rand schön violett, vom Scheitel her bald fuchsbraun verfärbend, am Rand lange lila bleibend; nur jung etwas schmierig; bis 15 cm breit. **Lamellen:** jung violett, später rostbraun; ziemlich dicht stehend, mit glatter oder etwas gekerbter Schneide. **Stiel:** weißlich-lila und seidig glänzend, gegen den Grund fuchsbraun, mit faseriger Ringzone; derb keulig, aber ohne gerandete Knolle. **Fleisch:** jung blaßlila, später bräunend; mit starkem, staubartigem und unangenehmem Geruch. Sporenpulver rostbraun. **Vorkommen:** in Gruppen und Hexenringen in Nadelwäldern; vor allem in höheren Lagen sehr häufig.

Ähnliche Arten: Der Hainschleimkopf *(Cortinarius nemorensis)* wächst in Laubwäldern, vor allem unter Buchen, und unterscheidet sich durch wesentlich blassere Farben und nur schwachen Staubgeruch.

227 Blaufleischiger Klumpfuß ○ ▽

Cortinarius coerulescens

Hut: jung halbkugelig, später flach; jung dunkelblau, später vom Scheitel her ockerlich ent- bzw. verfärbend; besonders in der Mitte mit schmutzigweißen Hüllfetzen bekleidet; bis 10 cm breit. **Lamellen:** jung blauviolett, später hell rostfarben; mit gesägter, heller und lang bläulich schimmernder Schneide. **Stiel:** kräftig blauviolett und jung dicht mit dem vom Hutrand zur Knolle reichenden blauen, spinnwebenartigen Schleier übersponnen, später verkahlend; am Grund mit einer sehr breiten, scharf gerandeten und am Rand von Hüllresten blaßocker gefärbten Knolle. **Fleisch:** blaßblau, in der Stielspitze kräftig blauviolett, im Stielgrund ockerlich; mit moderigem Geruch, milder Geschmack. Sporenpulver rostbraun. **Vorkommen:** meist gruppenweise in Laubwäldern auf Kalkböden; ziemlich selten und daher zu schonen.

228 Schleiereule G ▽

Cortinarius praestans

Hut: jung halbkugelig un knopfartig der dicken Stiel knolle aufsitzend, von der blaß violetten, seidigen Hülle um geben (»Eulenauge«), späte konvex und alt flach; jung tief violett, bald vom Scheitel he braunviolett oder weinrot un oft mit ockerlichen Hüllreste alt hasel- bis rotbraun und a Rand runzelig; etwas schmie rig; bis 20 cm breit. **Lamellen** jung weißgrau oder blaß blau grau, später wässerig rostfa big; schmal und dicht stehen mit gekerbter Schneide. **Stie** weißgrau bis blaßlila; de knollig, unterhalb der faserige Ringzone von den Resten d bläulich-seidigen Hülle übe zogen. **Fleisch:** weiß, im St bläulich; sehr hart, geruchl und milder Geschmack. Sp renpulver dunkel rostbrau **Vorkommen:** oft in Grupp oder Hexenringen in Laubw dern auf Kalkböden; selten. Der Pilz gilt als schmackhaf ster Schleierling, ist aber in v len Gegenden selten und sol nur, wo er häufig ist, als Sp sepilz gesammelt werden.

226

227

228

229 Semmelgelber Schleimkopf G

Cortinarius varius

Hut: jung halbkugelig, alt konvex bis fast flach; jung semmelorange und später vom Scheitel her rotbraun bis fuchsig, alt auch gelbbraun; feucht stark schleimig und trocken glänzend; bis 8 cm breit. **Lamellen:** jung kräftig blauviolett, seltener nur blaßlila, später wässerig zimtbraun; dicht stehend und um den Stiel ausgebuchtet. **Stiel:** weiß; jung mitunter weiß-wollig-flockig, meist aber kahl, mit gleichmäßig runder, breiter, keuliger oder zwiebeliger Knolle; in der Mitte mit einer faserigen, von den Sporen rostbraun gefärbten Ringzone. **Fleisch:** weiß; geruchlos und milder Geschmack. Sporenpulver blaß rostbraun. **Vorkommen:** meist scharenweise in Nadelwäldern auf Kalkböden; häufig; gehört zu den am besten schmeckenden Schleierlingen.

Ähnliche Arten: Es gibt eine Reihe weiterer Schleimkopf-Arten mit gelb- bis orangebraunem Hut, blauen Lamellen und weißem Stiel. Mit Ausnahme des Blaublättrigen Schleimfußes (*Cortinarius delibutus*) haben sie aber meist einen breit gerandet-knolligen Stiel. Verwechslungen sind ungefährlich, da sich unter ihnen kein Giftpilz befindet.

Die Gattung Schleierling *(Cortinarius)* ist die größte und in der Zuordnung schwierigste aller Blätterpilzgattungen. Allein in Mitteleuropa sind fast 500 verschiedene Arten beschrieben worden. Alle Schleierlinge leben in *Symbiose* mit verschiedenen Baumarten. Sie besitzen rostbraunes Sporenpulver, unter dem Mikroskop fein- bis grobwarzige Sporen und einen aus spinnwebartigen Haaren bestehenden Schleier, der sich beim noch jungen Pilz vom Hutrand zum Stiel spannt und später oft als ringartige Zone am Stiel zurückbleibt.

230 Blaublättriger Schleimfuß ○

Cortinarius delibutus

Hut: jung halbkugelig, später konvex oder flach; jung schön ocker- bis goldgelb, alt auch etwas braungelb; feucht stark schleimig und trocken glänzend; bis 8 cm breit. **Lamellen:** jung blaßlila, später wässerig zimtbraun; etwas entfernt stehend und um den Stiel ausgebuchtet, mit gekerbter Schneide. **Stiel:** weiß, Spitze mitunter lila schimmernd; ziemlich lang, gegen den Grund keulig angeschwollen, oben mit einer faserigen, rostbraun bestäubten Ringzone, darunter etwas gelblich schleimig (Unterschied zum Semmelgelben Schleimkopf!). **Fleisch:** weiß, in der Stielspitze manchmal etwas bläulich; geruchlos und milder Geschmack. Sporenpulver rostbraun. **Vorkommen:** gruppenweise in Nadelwäldern, meist in der Nähe von Birken; nicht selten.

Ähnliche Arten: Die Schleimfüße besitzen schwach klebrige bis stark schmierige Stiele und gelb- bis hasel- oder graubraune, seltener violette Hüte. Die Lamellen sind meist tonfarben bis rostbraun gefärbt. Einige Arten sind sehr bitter. Die Unterscheidung ist in vielen Fällen nur mit Hilfe des Mikroskops möglich.

229

230

231 Dottergelber Klumpfuß [†]

Cortinarius splendens v. meinhardii

Hut: jung halbkugelig, später konvex, alt auch flach; jung schwefel- bis goldgelb und schmierig, später am Scheitel mit fuchsig-, umbra- oder olivbraunen Flecken; bis 8 cm breit. **Lamellen:** jung goldgelb, bald von den rostbraunen Sporen bestäubt; dünn und sehr dicht stehend. **Stiel:** hell schwefelgelb; mit breiter, scharf gerandeter Knolle; jung dicht mit einem gelben, spinnwebenartigen Schleier überzogen. **Fleisch:** durchgefärbt lebhaft zitronengelb; mit etwas stechendem, staubartigem Geruch. Sporenpulver dunkel rostbraun. **Vorkommen:** meist erst im Oktober, oft in Gruppen in Bergnadelwäldern; nicht selten; giftverdächtig! **Ähnliche Arten:** Der Schöngelbe Klumpfuß *(Cortinarius splendens)* wächst im Laubwald und hat mehr olivbraune Flekken am Hut, ist aber sonst kaum zu unterscheiden. Er soll das gefährliche Pilzgift Orellanin enthalten. (Vgl. auch die Ritterlinge mit gelben Lamellen auf Seite 73.)

232 Anisklumpfuß [G]

Cortinarius odorifer

Hut: jung konvex, später flach oder etwas trichterförmig; in der Mitte kupferrotbraun, gegen den Rand oft grünlich oder lila; stark schleimig; bis 11 cm breit. **Lamellen:** jung hell grüngelb, später lebhaft rost-olivbräunlich; dicht stehend. **Stiel:** gelbgrün; kräftig, mit breiter, gerandeter, rotfleckiger Knolle; jung mit vom Hutrand zur Knolle gespanntem Schleier. **Fleisch:** im Anschnitt lebhaft grüngelb; mit sehr starkem Geruch nach Anisplätzchen. Sporenpulver dunkel rostbraun. **Vorkommen:** meist in Gruppen oder Hexenringen in Nadelwäldern auf Kalkböden; vor allem in höheren Lagen häufig. **Ähnliche Arten:** Der Blutrote Klumpfuß *(Cortinarius orichalceus)* hat sehr ähnliche Hut-, Stiel- und Lamellenfärbung, aber weißes Fleisch und keinen Anisgeruch. Er wächst in Nadel- und Mischwäldern auf Kalk, vorwiegend im Gebirge. Verwechslungsgefahr mit dem Dottergelben und dem Schöngelben Klumpfuß – beide giftverdächtig!

233 Olivblättriger Klumpfuß

Cortinarius scaurus

Hut: jung konvex, später flac und oft mit breitem Buck stark schmierig; schmutz dunkel olivbraun, alt am Rar mit braunen Wasserflecke ziemlich klein, meist 3–5 c breit. **Lamellen:** jung blau- b olivgrün, mitunter auch etw lila, alt mehr graubraun; dü und dicht stehend, mit gesäg Schneide. **Stiel:** hell olivgrü jung von dem spinnwebena gen, vom Hutrand zur Kno gespannten Haarschleier üb fasert; ziemlich schmächt am Grund mit einer sehr br ten, stumpf abgerunde Knolle. **Fleisch:** im Hut brä lich, im Stiel gelbgrünlich, der Spitze auch bläulich, Druck mitunter schwach p pur verfärbend. Sporenpul rostbraun. **Vorkommen:** moorigen Nadelwäldern u in Hochmoor-Fichtenwäld höherer Lagen, vor allem Voralpengebiet; sehr selten.

231

232

233

234 Körniger Schleimkopf

Cortinarius cephalixus

Hut: jung konvex, später flach; nur wenig schmierig; hell tonockerbraun und fein körnig, manchmal auch besonders gegen den Rand mit grüngelben Tönen; bis 10 cm breit. **Lamellen:** jung blaß tonfarben, später tonbraun; ziemlich dicht stehend und um den Stiel ausgebuchtet. **Stiel:** unterhalb der faserigen Ringzone mit mehreren schmutzig olivbraunen Gürtelzonen; derb keulig. **Fleisch:** weiß; milder Geschmack, mit Geruch nach zerdrücktem Gras. Sporenpulver rostbraun. **Vorkommen:** in Laubwäldern, vor allem unter Buchen auf kalkhaltigen Böden; ziemlich selten.

Ähnliche Arten: Der Gelbfüßige Schleimkopf *(Cortinarius cliduchus)* hat einen mehr semmel-ockerfarbenen, ebenfalls feinkörnigen und kaum schmierigen Hut und reingelbe Stielflocken. Er wächst gleichfalls in Laubwäldern. Beide Arten sind oft so ähnlich, daß sie kaum unterschieden werden können.

235 Würziger Schleimkopf

Cortinarius percomis

Hut: jung halbkugelig, später konvex, feucht schmierig; jung am Rand ocker- bis zitronengelb, später vom Scheitel her semmelfarben bis fuchsig; bis 7 cm breit. **Lamellen:** jung lebhaft zitronengelb, alt rostgelbbraun; dicht stehend und um den Stiel ausgebuchtet oder etwas herablaufend. **Stiel:** leuchtend zitronengelb; ziemlich lang und schlank; mit einer faserigen, von den Sporen rostbraun gefärbten Ringzone und darunter braunfleckig; am Grund ohne gerandete Knolle, aber meist schwach keulig. **Fleisch:** lebhaft zitronengelb; mit starkem Geruch nach Majoran. Sporenpulver rostbraun. **Vorkommen:** in Nadelwäldern auf Kalkböden; vor allem in höheren Lagen stellenweise recht häufig.

Ähnliche Arten: Der Dottergelbe Klumpfuß und etliche andere Schleierlinge sind recht ähnlich gefärbt; sie haben aber meist eine gerandete Knolle am Stielgrund und riechen niemal nach Majoran.

236 Violettroter Klumpfuß

Cortinarius rufoolivaceus

Hut: jung konvex, später flach feucht schmierig; jung bla purpurlila, später vom Scheite her weinrot verfärbend; bi 10 cm breit. **Lamellen:** jun gelbgrün, später schmutzi rost- bis zimtbraun, dicht ste hend und um den Stiel ausg buchtet. **Stiel:** weißlich b schön violett, am Knollenran auch weinrot; ziemlich krä tig und am Grund mit ein breiten, gerandeten Knoll jung mit dem vom Hutrar zum Knollenrand gespannt Schleier überzogen. **Fleisc** blaßviolett, im Hut auch gel lich, seltener gelbgrün; geruc los und mitunter mit etwas b terem Geschmack. Sporenpu ver dunkel rostbraun. **Vorko men:** meist an feuchten Stell in Laubwäldern auf kalkha gen Böden, auch unter We tannen; ziemlich selten u sollte geschont werden.

234

235

236

237 Zinnoberschuppiger Rauhkopf ○

Cortinarius bolaris

Hut: jung breit glockig, später gewölbt, oft verbogen; auf blaß tonfarbenem Grund dicht mit zinnober- bis karminroten Schüppchen bedeckt, manchmal fast einheitlich rot; bis 8 cm breit. **Lamellen:** jung blaß tonfarben, später milchkaffee- bis rostbraun; schmal und wenig gedrängt stehend, mit feinflockiger Schneide. **Stiel:** wie der Hut gefärbt, Spitze abgegrenzt tonblaß, darunter mit roten Faserschüppchen bekleidet. **Fleisch:** weiß, bei Druck etwas gilbend; mit schwachem, staubartigem Geruch, milder Geschmack. Sporenpulver zimtbraun. **Vorkommen:** unter Buchen, vorwiegend an feuchten Stellen; ziemlich selten.

238 Flury's Schleimkopf ○

Cortinarius fluryi

Hut: jung kugelig, später konvex, oft auch flach, mit nach unten geschlagenem Rand; dunkel kastanienbraun und etwas körnig, am Rand oft von weißen, häutig-faserigen Hüllresten überzogen; nur jung etwas schmierig; bis 9 cm breit. **Lamellen:** jung schmutzigweißlich, später satt tonbraun; ziemlich breit und um den Stiel ausgebuchtet, etwas entfernt stehend. **Stiel:** mit einer faserigen Ringzone und darunter dicht weiß wollig-schuppig überzogen; am Grund schwach keulig. **Fleisch:** weiß; jung mit süßlichem, alt mit unangenehmem, moderigem Geruch. Sporenpulver dunkel rostbraun. **Vorkommen:** oft büschelig in Laubwäldern, unter Buchen; ziemlich selten.

239 Blaustiel-Schleimfuß ○

Cortinarius collinitus

Hut: jung glockig-konvex, alt breit gewölbt und oft mit flachem, undeutlichem Buckel; matt rotbraun, seltener orangebraun; sehr stark schleimig, nicht gerieft; bis 10 cm breit. **Lamellen:** jung tonfarben, bald hell zimtrostbraun; um den Stiel wenig ausgebuchtet, alt oft gerade angewachsen. **Stiel:** ziemlich lang, gleich dick und am Grund oft etwas zugespitzt unterhalb der faserigen Ringzone mit bläulich-weißem bis lebhaft blauviolettem, klebrigem Schleim überzogen, alt oft aufreißend und dadurch gebändert. **Fleisch:** weißlich wässerig, mit mildem Geschmack, geruchlos. Sporenpulver gelb-rostbraun. **Vorkommen:** gruppenweise in Nadelwäldern, meist bei Fichten häufig; sehr veränderlich!

240 Reihiger Klumpfuß ○

Cortinarius glaucopus

Hut: jung halbkugelig, bal ausgebreitet mit wellig verbo genem Rand; fuchsbraun, ge gen den Rand oft heller oliv grün; stark eingewachsen fas rig, feucht schmierig; bis 12 c breit. **Lamellen:** jung blaulil später mehr tonbraun; dic stehend und um den Stiel etw ausgebuchtet. **Stiel:** anfan blau und glänzend, später me singbraun; meist kurz und krä tig, am Grund mit einer kl nen, gerandeten, abgestutzt Knolle. **Fleisch:** im Hut gel lich-weißlich, im Stiel lebh blau; geruchlos und milder G schmack. Sporenpulver ro braun. **Vorkommen:** oft in se großer Zahl, dichte und bre Reihen bildend, in Nadelw dern; häufig.

237

links
238
rechts
239

240

241 Erdigriechender Gürtelfuß ○

Cortinarius hinnuleus

Hut: jung breit glockig, später fast flach und meist mit deutlichem, breitem Buckel; feucht dunkel gelbbraun, trocken schmutzig ockerfarben und oft mit dunklen Flecken; ziemlich dickfleischig; bis 8 cm breit. **Lamellen:** zimtrostbraun; sehr breit und um den Stiel tief ausgebuchtet, auffallend weit entfernt stehend. **Stiel:** schmutzig gelb- bis ockerbraun; kräftig, am Grund meist etwas keulig; abwärts meist mit unregelmäßigen, schmutzigweißen Flokken oder Gürteln. **Fleisch:** bräunlich, wässerig marmoriert; mit typischem, erdartigem Geruch. Sporenpulver zimtbraun. **Vorkommen:** meist gruppenweise in Laubwäldern; ziemlich häufig.

Ähnliche Arten: Der Blaßrötliche Gürtelfuß *(Cortinarius helvolus)* hat einen mehr rotbraunen, trocken hell fuchsig ausblassenden Hut, eine häutige, weiße Gürtelzone am Stiel und wächst im Nadelwald.

242 Geschmückter Gürtelfuß ○▽

Cortinarius armillatus

Hut: jung glockig-konvex, später verflachend; lebhaft rostbraun bis fuchsig, nur wenig ausblassend und fein schuppig-faserig; bis 15 cm breit. **Lamellen:** dunkel zimtrostig; sehr breit und entfernt stehend, um den Stiel wenig ausgebuchtet. **Stiel:** fleischbräunlich, unterhalb der faserigen Ringzone mit mehreren flockigen, zinnoberroten Gürteln; gleich dick bis derb keulig. **Fleisch:** bräunlich marmoriert; geruchlos und milder Geschmack. Sporenpulver rostbraun. **Vorkommen:** oft in großen Gruppen in Nadelwäldern, meist unter eingestreuten Birken, gerne an feuchten Stellen; ziemlich selten und sollte geschont werden.

Ähnliche Arten: Der Purpurrote Gürtelfuß *(Cortinarius paragaudis)* ist etwas kleiner und auf dem Hut nicht so kräftig rostbraun gefärbt. Sein ziemlich langer Stiel trägt in der unteren Hälfte mehrere braunrote, flockige Gürtelzonen. Der relativ seltene Pilz wächst vor allem in Bergnadelwäldern.

243 Dunkelbrauner Gürtelfuß ○

Cortinarius brunneus

Hut: jung glockig, später aus gebreitet mit niedrigem, stump fem Buckel; feucht dunkel braun, trocken hell rötlich- bi lederbraun; am Rand etwa seidig; bis 8 cm breit. **Lamellen** dunkelbraun; sehr breit, run zelig, dick und weit entfernt ste hend. **Stiel:** dunkelbraun; m meist keuligem Grund und e ner faserigen, bald vergehen den Ringzone; darunter mit e ner weißen, alt graubraun ve blassenden, häutigen Gürtel nie. **Fleisch:** dunkelbraun, ma moriert; mit etwas erdartige Geruch, milder Geschmac Sporenpulver rostbraun. **Vo kommen:** meist gruppenwei in feuchten Nadelwäldern zw schen Moos; nicht selten.

Ähnliche Arten: Ebenfalls feuchten Stellen in Nadelw dern wächst der kleine Schwarzbraune Gürtelf *(Cortinarius glandicolor).* D feucht gleichmäßig dunkel u brabraune, trocken ausblasse de Pilz hat meist keine wei Gürtelzone am Stiel.

241

242

243

244 Feuerblättriger Wasserkopf ○ ▽

Cortinarius balaustinus

Hut: jung halbkugelig, später verflachend und oft unregelmäßig verbogen; feucht lebhaft rostbraun bis fuchsig, im Eintrocknen streifig und dann hell rötlich-ocker; bis 9 cm breit. **Lamellen:** lebhaft zimtrostfarben; dick, breit und ziemlich entfernt stehend, oft am Grund aderig miteinander verbunden und um den Stiel ausgebuchtet. **Stiel:** hell rostbraun; schlank mit derb keuligem und etwas zuspitzend im Boden wurzelndem Grund, schwach faserig. **Fleisch:** durchgefärbt rostbraun marmoriert; geruchlos, milder Geschmack. Sporenpulver rostbraun. **Vorkommen:** meist in kleinen Gruppen in Laubwäldern; selten und sollte geschont werden.

Ähnliche Arten: *Cortinarius subbalaustinus* sieht fast genauso aus, wächst aber nur unter Birken. Die beiden Arten lassen sich im Mikroskop sofort unterscheiden, da *Cortinarius balaustinus* rundliche, *Cortinarius subbalaustinus* elliptische Sporen besitzen. Die letztgenannte Art ist überaus selten und in Mitteleuropa erst wenige Male gefunden worden.

245 Feuerfüßiger Wasserkopf ○

Cortinarius bulliardii

Hut: jung glockig und etwas rotbraun faserschuppig, später breit kegelig mit undeutlichem, stumpfem Buckel; feucht dunkel kastanienrotbraun, trocken schmutzig lederfarben; bis 7 cm breit. **Lamellen:** jung blaßlila, bald wässerig zimtbraun; ziemlich breit und nur mäßig dicht stehend. **Stiel:** an der Spitze jung gelegentlich blaßlila, sonst weißlich, in der unteren Hälfte lebhaft zinnoberrot überfasert; kurz, mit keuligem Grund. **Fleisch:** schmutzigweiß, in der Stielspitze wässerig lila-bräunlich; mit schwach bitterem Geschmack. Sporenpulver rostbraun. **Vorkommen:** meist in kleinen Gruppen in Laubwäldern unter Buchen; ziemlich selten.

Ähnliche Arten: Der Rotfüßige Wasserkopf *(Cortinarius colus)* ist viel kleiner und hat einen hell bräunlichen, am Grund ebenfalls zinnoberrot überfaserten Stiel. Man trifft auf diesen höchstens 2 cm breiten und recht seltenen Pilz in feuchten Nadelwäldern.

246 Zimtroter Gürtelfuß ○

Cortinarius laniger

Hut: jung halbkugelig, späte konvex bis flach; hell zimtrot braun, kaum ausblassend, an fangs stark weißseidig überfa sert; bis 10 cm breit. **Lamellen** lebhaft zimtrotbraun; dick un entfernt stehend. **Stiel:** weiß jung manchmal an der Spitz etwas lila, mit meist zwei wei ßen, ringartigen Gürtelzonen derb keulig-knollig. **Fleisch** hellbraun marmoriert; mild Geschmack. Sporenpulv rostbraun. **Vorkommen:** i Gruppen oder Reihen i Laub- und Nadelwald; in Ber lagen ziemlich häufig.

Ähnliche Arten: Der Zimtvi lette Gürtelfuß *(Cortinarius ci namoviolaceus)*, der ebenfa in Bergnadelwäldern wäch aber viel seltener ist, unte scheidet sich durch den kräf lila gefärbten Stiel.

244

245

246

247 Kahler Krempling †

Paxillus involutus

Hut: jung flach, später konvex oder etwas trichterförmig; mit filzigem, oft gekerbtem und lang eingerolltem Rand, am Scheitel kahl; schmutzig ocker- bis rotbraun; feucht schmierig, trocken glänzend; bis 15 cm breit. **Lamellen:** holzgelb, bei Berührung dunkel rotbraun fleckend; schmal und dicht stehend, oft gegabelt, am Stiel weit herablaufend, vom Hutfleisch ablösbar. **Stiel:** wie der Hut gefärbt, bei Berührung braun fleckend; ziemlich schlank, festfleischig. **Fleisch:** hell holzgelb; mit angenehmem Geruch. Sporenpulver hell rostbraun. **Vorkommen:** in Nadelwäldern und Mooren, auf dem Waldboden oder an Stümpfen; sehr häufig.

Der Kahle Krempling gehört vor allem deshalb zu den besonders gefährlichen Giftpilzen, da er – gut abgekocht – vereinzelt genossen unschädlich und wohlschmeckend ist. Roh oder ungenügend gekocht, ruft er nach dem Genuß schwere, unter Umständen sogar tödlich verlaufende Vergiftungen hervor. Nach wiederholtem Kremplingsgenuß kann es auch bei richtiger Zubereitung zu schlagartig einsetzenden Vergiftungen kommen, die, selbst wenn zwischen den Mahlzeiten eine jahrelange Pause liegt, schon wiederholt tödlich verlaufen sind. Der Pilz enthält nämlich einen bisher unbekannten Wirkstoff, der sich im Blut anreichert und dort eine Antikörperbildung auslöst. Wird nach wiederholten Mahlzeiten eine kritische Grenze überschritten, tritt plötzlich eine Vergiftung mit leukämieähnlichem Krankheitsbild auf. Vor Kostversuchen sowie Gerichten aus diesem Pilz wird dringend gewarnt!

248 Erlenkrempling ○

Paxillus filamentosus

Hut: in Farbe und Form dem Kahlen Krempling überaus ähnlich, aber kleiner und oft etwas einseitig gestielt, stärker trichterförmig und verbogen. **Lamellen:** wie beim Kahlen Krempling, aber nicht gegabelt und nur schwach fleckend. **Stiel** und **Fleisch:** wie beim Kahlen Krempling. Sporenpulver rostbraun. **Vorkommen:** oft in größeren Gruppen oder Hexenringen, nur unter Erlen, meist an feuchten Stellen; nicht häufig.

Vom Genuß wird abgeraten, da ähnliche Wirkungen wie beim Kahlen Krempling nicht auszuschließen sind.

249 Samtfuß-krempling ○

Paxillus atrotomentosus

Hut: jung flach, später trichterförmig, meist einseitig gestielt mit lang eingerolltem Rand dickfleischig; dunkelbrau samtig, alt kahl werdend un etwas verblassend; bis übe 15 cm breit werdend. **Lamellen** hell holzgelb, bei Druck nich fleckend; schmal und seh dicht stehend, am Stiel herab laufend. **Stiel:** dunkelbrau samtig; sehr kurz, am Grun etwas wurzelnd. **Fleisch:** he holzgelb; saftig, etwas bitter Geschmack. Sporenpulv rostbraun. **Vorkommen:** nur a Nadelholzstümpfen, meist a feuchten und schattigen Ste len; ziemlich häufig.

247

248

249

250 Kupferroter Schmierling

G

Gomphidius rutilus

Hut: jung konvex mit eingerolltem Rand, alt verflachend; jung kupferrotbraun, später etwas verblassend; feucht stark schleimig, trocken glatt und glänzend; sehr dickfleischig; bis 8 cm breit. **Lamellen:** jung purpurbraun, bald mit schmutzig olivbraunem Ton; sehr dick und entfernt stehend, oft gegabelt und weit am Stiel herablaufend. **Stiel:** wie der Hut gefärbt; lang und schlank, festfleischig. **Fleisch:** orangegelb, bei Druck nach einiger Zeit karminrot anlaufend; geruchlos und milder Geschmack. Sporenpulver olivschwarz. **Vorkommen:** nur unter Kiefern; nicht selten.

Ähnliche Arten: Weitere nahe verwandte Arten aus der Familie der Schmierlinge mit weißen bis hellgrauen Lamellen sind das Kuhmaul und der Rosenrote Schmierling.

251 Filziger Gelbfuß

○ ▽

Gomphidius helveticus

Hut: jung konvex, alt flacher; schön orangefarben und fein filzig-schuppig, alt verkahlend; selten etwas klebrig, sehr dickfleischig; bis 8 cm breit. **Lamellen:** orangebraun, von den Sporen später olivschwärzlich getönt; dick und entfernt stehend, am Stiel herablaufend. **Stiel:** orangebraun; gleich dick, an der Spitze etwas flockig. **Fleisch:** orangegelb bis -braun, bei Druck langsam karminrot anlaufend; milder Geschmack Sporenpulver olivschwarz. **Vorkommen:** nur unter Fichten und Zirben, selten und sollte geschont werden.

252 Tränender Saumpilz

○

Lacrymaria lacrymabunda

Hut: jung konvex, später flach und oft mit breitem Buckel; jung auf ocker- bis gelbbraunem Grund stark filzig bis wollig-schuppig und mit einem vom Hutrand zum Stiel gespannten, faserigen Schleier, später verkahlend und bei Trockenheit ausblassend; meist 3–6, gelegentlich bis 20 (!) cm breit. **Lamellen:** jung bräunlich, bald schwarzpurpurn; mit heller, durch winzige, nur unter der Lupe sichtbare Wassertröpfchen flockig erscheinender Schneide. **Stiel:** blaß bräunlich; schuppig-faserig. **Fleisch:** hell tonbraun; milder Geschmack und geruchlos. Sporenpulver dunkel purpurbraun, fast schwarz. **Vorkommen:** mitunter in großen Mengen an Wegrändern, zwischen Schotter, auf Feldern und in Gärten, auch auf Rindenstükken; häufig.

Ähnliche Arten: Der Tränende Saumpilz gehört zu einer über 100 Arten umfassenden Blätterpilzgruppe, die meist zur Gattung *Psathyrella* gehören und an dem fast schwarzen Sporenstaub und den bei vielen Arten sehr brüchigen Hüten (»Zärtling«) zu erkennen sind.

Wer sich näher mit dieser schwierigen Pilzgruppe befassen will, begegnet größten Problemen, weil es für die nur mikroskopisch bestimmbaren Arten noch keine zusammenfassende Literatur gibt.

250

251

252

253 Frauentäubling [S]

Russula cyanoxantha

Hut: jung konvex, bald ausgebreitet, alt trichterförmig; sehr verschieden gefärbt, meist blauviolett mit grünen Flecken, in der Mitte heller und nicht selten ockerlich verblassend, mitunter auch ganz grün oder dunkel stahlblau; feucht etwas schmierig; bis 12 cm breit. **Lamellen:** reinweiß; dünn und dicht stehend, ziemlich weich und beim Umbiegen nicht brechend, am Stiel gerade angewachsen, alt auch etwas herablaufend. **Stiel:** reinweiß, nur jung gelegentlich am Grund mit etwas Hutfarbe; kräftig, gleich dick oder etwas zugespitzt. **Fleisch:** weiß; brüchig; geruchlos, mit mildem, nußartigem Geschmack. Sporenpulver reinweiß. **Vorkommen:** ab Juni vorwiegend in Laub- und Mischwäldern; sehr häufig. **Verwertung:** für viele Zubereitungsarten geeignet und nicht so hartfleischig wie die meisten anderen eßbaren Täublinge.

Ähnliche Arten: Der Graugrüne Täubling *(Russula grisea)* hat mehr blaugraue, aber auch violette oder grüne Töne am Hut und hell cremefarbene Lamellen. Er wächst gleichfalls in Laubwäldern, vor allem unter Buchen, selten auch im Nadelwald. Er ist in Süddeutschland und im Alpengebiet viel seltener als der Frauentäubling. In Norddeutschland wird dagegen der Frauentäubling in vielen Gegenden durch den Graugrünen Täubling ersetzt.

254 Grasgrüner Täubling ○

Russula aeruginea

Hut: jung flach, bald trichterförmig und schwach gerieft; etwas klebrig und glänzend; blaß grünlich oder hell graugrün, seltener auch olivlich; meist 5–8, selten bis 12 cm breit. **Lamellen:** jung blaß cremefarben, später hell buttergelb; dicht stehend, am Stielansatz häufig gegabelt, biegsam und beim Darüberstreichen nicht brechend. **Stiel:** weiß, am Grund gelegentlich mit rostfarbenen Flecken; gleichmäßig dick, oft ziemlich kurz und längsrunzelig. **Fleisch:** weiß; brüchig, geruchlos, in den Lamellen etwas scharf, sonst milder Geschmack. Sporenpulver dunkel cremefarben. **Vorkommen:** nur unter Birken, meist in Kiefernwäldern, in denen Birken eingestreut sind; nicht selten.

255 Speisetäubling [S]

Russula vesca

Hut: jung halbkugelig, bald flach, alt auch trichterförmig; Randzone nie gerieft, aber meist durch die zu kurze Oberhaut etwa 2 mm breit weiß gefärbt, feucht etwas klebrig, trocken matt; jung fleischlila bis purpurn, später oft mit hell rostbraunen Flecken; bis 8 cm breit. **Lamellen:** weiß, alt rostfleckig; schmal, dicht stehend und am Stiel gerade angewachsen, am Rand überstehend, ziemlich weich. **Stiel:** weiß; etwas bauchig oder gleich dick, am Grund zuspitzend und oft rostfleckig. **Fleisch:** weiß, oft mit rost- oder honiggelben Flecken; ziemlich fest, geruchlos und milder Geschmack. Sporenpulver weiß. **Vorkommen:** ab Juni in Laub- und Nadelwäldern; sehr häufig. **Verwertung:** einer der besten Täublinge, aber nicht sehr ergiebig und etwas hartfleischig.

253

254

255

256 Jodoformtäubling ○

Russula turci

Hut: jung flach, bald etwas trichterförmig; dunkel amethystviolett bis braunrosa mit hellerer Randzone; auffallend matt und stark weißlich bereift; bis 8 cm breit. **Lamellen:** cremefarben bis hellocker; ziemlich dicht stehend und am Grund queraderig verbunden. **Stiel:** weiß; gleich dick. **Fleisch:** weiß; in der Stielbasis mit deutlichem Geruch nach Jodoform. Sporenpulver ocker. **Vorkommen:** unter Kiefern und Fichten auf Sand- und Lehmböden; ziemlich häufig.

Ähnliche Arten: Der seltene Violette Reiftäubling *(Russula azurea)* hat ebenfalls einen stark bereiften, schwarz-purpurnen Hut und wächst unter Fichten. Fast nicht zu unterscheiden ist der Amethystfarbene Reiftäubling *(Russula amethystina)* mit blau- bis rotviolettem, gelegentlich hell fleckigem Hut und ebenfalls Jodoformgeruch in der Stielbasis; häufig in Bergnadelwäldern, meist unter Weißtannen.

257 Rotstieliger Ledertäubling [G]

Russula olivacea

Hut: jung konvex, bald flach, kaum trichterförmig; matt und trüb weinrot bis rotbraun mit schmutzig olivgetönter, oft wellig gemusterter Randzone, jung auch ganz olivgelb; bis 15 cm breit. **Lamellen:** cremefarben, alt sattocker, dicht stehend und ziemlich brüchig. **Stiel:** zartrosa überhaucht mit etwas flockiger Spitze; kräftig, gleich dick, festfleischig. **Fleisch:** weiß; ziemlich hart und fest, geruchlos und milder Geschmack. Sporenpulver dottergelb. **Vorkommen:** meist gruppenweise ab Juni in Laub- und Nadelwäldern, vor allem unter Fichten und Buchen; nicht selten.

Ähnliche Arten: Eine lebhafter purpur- bis blutrote und glänzende, gelegentlich bis auf eine schmale Randzone hellocker verblassende Hutoberfläche besitzt der in Größe und Wuchsform täuschend ähnliche Lederstieltäubling *(Russula viscida)*. Sein derber, niemals rotgetönter Stiel verfärbt sich alt am Grund ledergelb; das Fleisch ist ziemlich scharf. Er wächst in Bergnadelwäldern.

258 Ledertäubling [G]

Russula integra

Hut: jung konvex, bald trich-terförmig; in der Regel violett purpurn, mit jung fast schwar-zer, später hellbrauner Mitte aber oft auch fleisch- bis scho-koladenbraun; meist etwa schmierig und glänzend; alt an Rand schwach gerieft; bi 10 cm breit. **Lamellen:** jung cre-mefarben, alt satt ockergelb am Grund oft queraderig un bei Berührung leicht zerspli-ternd. **Stiel:** immer reinwei am Grund manchmal bräun-lich; ziemlich lang, oft etwa bauchig. **Fleisch:** weiß; auffa-lend hart und fest, milder G-schmack, mit schwachem Obs-geruch. Sporenpulver dunke ocker. **Vorkommen:** in Nade und Mischwäldern unter Fic-ten und Tannen, vor allem höheren Lagen sehr häufig.

Ähnliche Arten: Der Schar Brauntäubling *(Russula adul-rina)* hat sehr scharfes Fleis und läßt sich nur durch ei Geschmacksprobe sicher u-terscheiden. Er wächst ebe-falls in Nadel- und Mischw-dern, ist aber viel seltener.

256

257

258

259 Stinktäubling ○

Russula foetens

Hut: jung kugelig und stark schleimig, später konvex, alt auch flach oder etwas trichterförmig und am Rand stark kammartig gerieft; schmutzig honiggelb bis ockerbraun; bis 15 cm breit. **Lamellen:** blaß cremefarben; jung an der Schneide oft mit Wassertropfen, ziemlich breit und dicht stehend. **Stiel:** weiß oder gelbbraun flekkig; kräftig. **Fleisch:** mit starkem ölig-brenzligem, alt auch fischartigem, lästigem Geruch, ziemlich scharfer Geschmack. Sporenpulver blaß cremefarben. **Vorkommen:** in Laub- und Nadelwäldern; recht häufig.

260 Ockertäubling ○

Russula ochroleuca

Hut: jung flach, bald ausgebreitet und trichterförmig; hell zitronengelb bis schmutzig olivocker; feucht etwas klebrig; bis 10 cm breit. **Lamellen:** reinweiß, auch alt niemals mit cremefarbenen oder gelben Tönen; dicht stehend und leicht brechend. **Stiel:** weiß, nur jung mitunter am Grund mit etwas Hutfarbe, alt schwach grauend; gleich dick. **Fleisch:** weiß; mit sehr schwachem Obstgeruch, milder bis ziemlich scharfer Geschmack. Sporenpulver blaß cremefarben. **Vorkommen:** einer der gewöhnlichsten Täublinge in Laub- und Nadelwäldern; sehr häufig.

Ähnliche Arten: Der Gelbe Graustieltäubling *(Russula claroflava)* hat einen lebhaft chromgelben Hut, völlig mildes, alt grau verfärbendes Fleisch und wächst in Mooren unter Birken.

261 Gallentäubling ○

Russula fellea

Hut: jung halbkugelig, später flach bis leicht trichterförmig und alt am Rand breit kammartig gerieft; hell semmel-ockerfarben; bis 8 cm breit. **Lamellen:** von Anfang an blaß cremefarben; dicht stehend und am Stiel meist gerade angewachsen. **Stiel:** blaß cremefarben; gleich dick. **Fleisch:** blaß gelblich; mit deutlich süßlichem, obstartigem Geruch, sehr scharfer Geschmack. Sporenpulver blaß cremefarben. **Vorkommen:** scharenweise in Laubwäldern, oft zusammen mit dem Ockertäubling; häufig.

262 Morsetäubling ○

Russula illota

Hut: jung kugelig, später brei[t] konvex, alt auch flach; schmutzig ocker-tonfarben; dick mi[t] grauviolettem Schleim überzogen, am Rand grob kammarti[g] gerieft; bis 15 cm breit. **Lamellen:** cremefarben; dicht stehend; auf der Schneide mi[t] dunklen Punkten und Strichen beim Zerreiben nach Bittermandeln riechend. **Stiel** schmutzig weißlich, braun flekkend. **Fleisch:** mit Bittermandelgeruch. Sporenpulver bla[ß] cremefarben. **Vorkommen:** i[n] Laub- und Nadelwäldern, v[or] allem auf Kalkböden; vermu[t]lich ziemlich häufig.

Ähnliche Arten: Der Mande[l]täubling *(Russula laurocerasi)* bisher vom Morsetäublin[g] nicht unterschieden – riec[ht] ebenfalls nach Bittermandel[n,] hat aber keine punktierte L[a]mellenschneide und entspric[ht] in der Hutfarbe mehr de[m] Stinktäubling. Die Lamell[en] riechen zerrieben ausgespr[o]chen unangenehm.

259

links
260

rechts
261

262

263 Wieseltäubling G

Russula mustelina

Hut: jung halbkugelig, später konvex bis flach oder mit etwas vertiefter Mitte; gelbbraun; jung schmierig, bald matt und trocken werdend; gelegentlich am Rand etwas bereift, mit vom Scheitel zum Hutrand verlaufenden Adern und einem Steinpilz recht ähnlich; bis 16 cm breit. **Lamellen:** blaß cremefarben, später gelblich mit ockerfarbenem Reflex, alt bräunlich fleckend; ziemlich dicht stehend, um den Stiel ausgebuchtet. **Stiel:** jung weiß, bald bräunlich marmoriert; etwas knollig-bauchig oder gleich dick, ziemlich fest und gedrungen. **Fleisch:** weiß, alt etwas bräunend; ziemlich hart und fest, milder Geschmack, nach längerem Liegen unangenehm fischartig riechend. Sporenpulver cremefarben. **Vorkommen:** nur in Berglagen auf kalkfreien Böden; in den Zentralalpen häufig.

264 Goldtäubling S

Russula aurea

Hut: jung fast kugelig, später verflachend und oft unregelmäßig gewölbt bis trichterförmig; lebhaft zitronen- bis goldgelb, bis tief ins Hutfleisch durchgefärbt, darüber mit großen, leuchtend orange- bis kadmiumroten Flecken, seltener auch einheitlich gelb oder rot; schmierig glänzend, alt am Rand schwach gerippt; bis 8 cm breit. **Lamellen:** blaßgelb, alt auch lebhaft goldgelb, mit von Anfang an kräftig chromgelb gefärbter Schneide; sehr brüchig und am Grund oft queraderig miteinander verbunden. **Stiel:** weiß, oft goldgelb überhaucht; längsrunzelig, am Grund etwas keulig oder zuspitzend. **Fleisch:** weiß; ziemlich weich, milder Geschmack, geruchlos. Sporenpulver dottergelb. **Vorkommen:** meist einzeln in Laub- und Nadelwäldern; nicht häufig. **Verwertung:** Oft als schmackhaftester Täubling bezeichnet, ist dieser Pilz für alle Gerichte geeignet.

Ähnliche Arten: Der Gefleckte Täubling *(Russula maculata)* hat ebenfalls einen leuchtend roten, nach ocker- oder zitronengelb verblassenden Hut und gelbe, alt orangeocker gefärbte Lamellen. Sein Fleisch schmeckt zunächst mild, wird aber nach längerem Kauen ziemlich scharf. Der Pilz ist ungenießbar.

265 Orangeroter Graustieltäubling G

Russula decolorans

Hut: konvex, alt mit etwas ver tiefter Mitte; schön orange- bis ziegelrot oder apfelfarben jung schwach schmierig; bi 10 cm breit. **Lamellen:** jun blaß cremefarben, später but tergelb; alt grau verfärbend ziemlich dicht stehend. **Stiel** weiß; meist ziemlich lang gleich dick, längsrunzelig un alt grau verfärbend. **Fleisch** weiß, alt grauend; milder Ge schmack. Sporenpulver bla ocker. **Vorkommen:** in Nade wäldern, zusammen mit He delbeeren; gebietsweise ma senhaft.

Ähnliche Arten: Helle Forme des oft am gleichen Stando wachsenden Apfeltäublin *(Russula paludosa)* lassen si an dem mehr glockigen H und dem nicht grau anlaufe den Fleisch unterscheiden.

263

264

265

266 Buchen-Speitäubling †

Russula mairei

Hut: jung konvex, bald unregelmäßig verbogen bis schwach trichterförmig und alt am Rand etwas gerippt; rosa bis zinnoberrot, häufig fleckig ausblassend; feucht klebrig und glänzend; bis 6 cm breit. **Lamellen:** weiß; dicht stehend, am Stiel meist gerade angewachsen. **Stiel:** weiß, niemals mit roten Tönen; gleich dick oder etwas bauchig, sehr brüchig. **Fleisch:** weiß; mit angenehmem, säuerlichem, an unreife Äpfel erinnerndem Geruch, sehr scharfer Geschmack. Sporenpulver weiß. **Vorkommen:** meist gruppenweise in Laubwäldern unter Buchen; sehr häufig. Der Genuß der als schwach giftig geltenden Speitäublinge verursacht Magen-Darmbeschwerden.

Ähnliche Arten: Der Echte Speitäubling *(Russula emetica f. sylvestris)* hat einen meist satt kirschroten Hut, stimmt aber sonst fast in allen oben bezeichneten Merkmalen mit dem Buchen-Speitäubling überein und ist ebenfalls sehr scharf und ungenießbar. Man trifft auf ihn vor allem in Nadelwäldern, oft zwischen Moos an feuchten Stellen, aber auch im Laubwald, wo er dann kaum zu unterscheiden ist.

267 Wechselfarbiger Speitäubling †

Russula cavipes

Hut: jung konvex, bald flach oder etwas trichterförmig; schmutzig fleischlila und oft mit olivgrünen Flecken, in der Mitte fast schwarz, am Rand auch blauviolett; bis 6 cm breit. **Lamellen:** weiß; dicht stehend und sehr brüchig. **Stiel:** weiß, ohne Rottöne; etwas aufgeblasen und sehr brüchig. **Fleisch:** weiß; mit säuerlichem Geruch nach unreifem Obst, sehr scharfer Geschmack. Sporenpulver weiß. **Vorkommen:** in Laub- und Nadelwäldern; ziemlich häufig. Der Genuß des Pilzes verursacht Magen-Darmbeschwerden.

268 Apfeltäubling G

Russula paludosa

Hut: jung halbkugelig, bald breit glockig und alt am Rand etwas gerieft, am Scheitel fast immer mit einer kleinen Vertiefung; feucht etwas klebrig und glänzend; wie ein reifer, rotbackiger Apfel gefärbt, von goldgelb bis leuchtend blutrot und oft zweifarbig, in der Mitte gelegentlich fast schwarz, am Rand oder am Scheitel auch gelb; bis 10 cm breit. **Lamellen:** jung cremefarben, später buttergelb; ziemlich dicht stehend und beim Darüberstreichen nur wenig splitternd. **Stiel:** meist zartrosa überhaucht, seltener weiß; gleich dick, auffallend lang und festfleischig, etwas aderig. **Fleisch:** weiß; geruchlos und milder Geschmack. Sporenpulver blaß ocker. **Vorkommen:** gruppenweise in Nadelwäldern, meist unter Kiefern und zusammen mit Heidelbeeren; ziemlich häufig.

Ähnliche Arten: Der Zedernholz-Täubling *(Russula badia)* ist etwas kleiner und hat einen in der Mitte etwas trichterförmig vertieften und noch dunkler blutroten Hut. Er läßt sich an dem brennend scharfen, nach Zedernholz riechenden Fleisch sicher unterscheiden.

266

267

268

269 Heringstäubling G

Russula xerampelina

Hut: jung konvex, bald flach; im Nadelwald meist dunkel wein- bis karminrot, mit schwarzem Scheitel, Laubwaldformen dagegen blaß fleischrosa, gelblich oder schmutzigoliv, unter Zitterpappel und Birke auch gelbgrün oder grün, oft mehrfarbig; anfangs schmierig, aber bald matt und glanzlos; meist 5–8, selten bis 12 cm breit. **Lamellen:** blaß cremefarben, bei Druck bräunend; ziemlich dicht stehend. **Stiel:** bei rothütigen Formen meist wie der Hut gefärbt, sonst weiß, bei Druck gelb oder braun anlaufend; oft etwas längsrunzelig. **Fleisch:** weiß; anfangs geruchlos, beim Eintrocknen und bei alten Pilzen stark nach Hering riechend, milder Geschmack. Sporenpulver cremefarben. **Vorkommen:** einzeln oder in Gruppen in Laub- und Nadelwäldern; häufig.

270 Zinnobertäubling ○

Russula rosea

Hut: jung konvex, später flach; matt und glanzlos; meist leuchtend zinnober- bis karminrot, oft mit gelben Flecken, selten ganz gelblich-weiß; sehr hart; bis 10 cm breit. **Lamellen:** blaß strohgelb; sehr brüchig, gelegentlich am Hutrand mit roter Schneide. **Stiel:** meist karminrot überhaucht, aber auch reinweiß; gleich dick, sehr hart und fest. **Fleisch:** weiß; sehr hart, etwas bitterer Geschmack, nach Bleistiftholz schmeckend. Sporenpulver blaß cremefarben. **Vorkommen:** in Nadelwäldern oder bei Buchen; ziemlich häufig.

Ähnliche Arten: Der seltene, im Laubwald wachsende Ockerblättrige Zinnobertäubling *(Russula pseudointegra)* unterscheidet sich durch sein bald sehr scharf schmeckendes Fleisch. Rotstielige Formen könnten auch mit dem Heringstäubling verwechselt werden, der aber weiches, nicht holzartig schmeckendes Fleisch besitzt.

271 Flammenstiel-Täubling ○ ▽

Russula rhodopoda

Hut: jung halbkugelig, später etwas glockig bis flach mit lange umgebogenem Rand; leuchtend purpur-blutrot, mit fast schwarzer Mitte, gelegentlich mit kleinen, gelblichen Flekken; meist stark glänzend; bis 12 cm breit. **Lamellen:** anfangs blaß cremefarben, dann buttergelb; dicht stehend. **Stiel:** weiß, schön rot überhaucht und fein flaumig bereift, besonders am Grund später mit gelben Flekken; gleich dick, keulig oder in der Mitte etwas bauchig. **Fleisch:** weiß; ziemlich fest und sehr scharfer Geschmack, mit schwachem Obstgeruch. Sporenpulver cremefarben. **Vorkommen:** oft in großen Gruppen in sauren Nadelwäldern, meist in höheren Lagen; ziemlich selten.

Ähnliche Arten: Der Pfirsichfarbene Täubling *(Russula persicina)* unterscheidet sich durch den matten, etwas rauhen und nicht glänzenden Hut, nur wenig roten Stiel und süßlichen Geruch. Verwechslungen sind auch denkbar mit dem Zitronenblättrigen Täubling.

269

270

271

272 Geriefter Weichtäubling ○

Russula laricina

Hut: konvex mit vertiefter Mitte; hell fleischbraun, in der Mitte auch mit Olivtönen, gelegentlich mit rosa oder purpurnen, selten auch gelben Farben; feucht schmierig, alt am Rand grob höckerig gerieft; bis 6 cm breit. **Lamellen:** jung cremefarben, später satt orangeokker; dick und breit, ziemlich entfernt stehend, sehr brüchig. **Stiel:** weiß, niemals rot; mit etwas verjüngtem Grund; leicht abbrechend. **Fleisch:** weiß, alt etwas grau verfärbend; sehr brüchig; mit unangenehmem, fischartigem Geruch, milder Geschmack. Sporenpulver satt dottergelb. **Vorkommen:** im Bergnadelwald unter Lärchen.

273 Milder Wachstäubling ○

Russula puellaris

Hut: jung konvex, bald flach, grob kammartig gerippt; fleischfarben bis violettpurpurn, in der etwas vertieften Mitte fast schwarz, alt durchscheinend gelb; lange schmierig und glänzend, sehr brüchig; 3–5 cm breit. **Lamellen:** jung wässerig cremefarben, später ockergelb; dick und entfernt stehend, sehr brüchig und weich. **Stiel:** weiß, später gelb verfärbend; etwas bauchig, hohl, sehr brüchig. **Fleisch:** weiß, langsam gelb verfärbend; mit unangenehmem, an Lebertran erinnerndem Geruch, milder Geschmack. Sporenpulver hell cremefarben. **Vorkommen:** meist in Nadelwäldern; ziemlich häufig.

274 Zitronenblättriger Täubling ✝

Russula sardonia

Hut: jung etwas glockig, später flach bis trichterförmig, meist mit kleinem Buckel; dunkel violett- bis purpurrot mit sehr dunkler Mitte, manchmal auch oliv verfärbend; feucht etwas klebrig; bis 12 cm breit. **Lamellen:** jung meist schön zitronengelb und mit Wassertropfen auf der Schneide, später hellocker; sehr brüchig. **Stiel:** meist purpurrot überhaucht, flaumig bereift. **Fleisch:** blaßgelb; hart und fest, mit säuerlichem, obstartigem Geruch, sehr scharfer Geschmack. Sporenpulver cremefarben. **Vorkommen:** in Nadelwäldern auf saueren Böden, meist unter Kiefern; gebietsweise häufig.

Der Genuß des Pilzes führt zu Magen-Darmbeschwerden.

275 Stachelbeertäubling ✝

Russula queletii

Hut: jung halbkugelig, später konvex bis flach und oft mit kleinem Buckel; trüb weinrot meist fleckig oliv ausblassend, kahl und feucht etwas schmierig, alt schwach gerieft; meist 5–6, selten bis 10 cm breit. **Lamellen:** fast weiß; dicht stehend und sehr brüchig. **Stiel:** auf blaß gelblichem Grund wie der Hut trüb weinrot gefärbt, gleich dick. **Fleisch:** weiß; mit fruchtartigem, an frisches Stachelbeerkompott erinnerndem Geruch, sehr scharfer Geschmack. Sporenpulver cremefarben. **Vorkommen:** meist gruppenweise, vorwiegend in Fichtenwäldern zwischen Nadelstreu und Moos; häufig.

Der Genuß des Pilzes führt zu Magen-Darmbeschwerden.

272

links
273
rechts
274

275

276 Blaublättriger Weißtäubling ○

Russula delica

Hut: jung niedergedrückt mit eingerolltem Rand, später trichterförmig; jung schmutzigweiß und bald mit hell- bis dunkelbraunen Flecken; oft Erde oder Nadelstreu aus dem Boden hebend; bis 15 cm breit. **Lamellen:** weiß, mit bläulichem Reflex; ziemlich breit und entfernt stehend, am Stiel etwas herablaufend; Schneide oft mit Wassertropfen. **Stiel:** weiß, alt etwas ockerlich flekkig; sehr kurz. **Fleisch:** weiß; ziemlich hart, mit unangenehm tranig-fischartigem Geruch. Sporenpulver weiß. **Vorkommen:** in Laub- und Nadelwäldern, meist auf kalkhaltigen Böden; häufig.

Ähnliche Arten: *Russula chloroides* unterscheidet sich nur durch schmälere, dichter stehende Lamellen und wächst an den gleichen Stellen, aber mehr in höheren Lagen.

277 Dickblättriger Schwärztäubling ○

Russula nigricans

Hut: flach mit eingerolltem Rand, alt trichterförmig; jung weißgrau, bald dunkel graubraun und alt schwarz; bis 15 cm breit. **Lamellen:** hell strohfarben; dick und weit entfernt stehend, sehr brüchig; Schneide alt vom Rand her schwarz werdend. **Stiel:** zuerst weiß, alt vom Grund her schwärzend; ziemlich kurz und dick. **Fleisch:** weiß, bei Druck zuerst rot anlaufend, später schwarz werdend; sehr hart, milder Geschmack, geruchlos. Sporenpulver weiß. **Vorkommen:** in Nadelwäldern; sehr häufig.

Ähnliche Arten: Der Schwarzanlaufende Schwärztäubling *(Russula albonigra)* hat etwas dichter stehende Lamellen und ziemlich scharfes, alt schwärzendes, aber nicht rötendes Fleisch. Der Dichtblättrige Schwärztäubling *(Russula densifolia)* hat einen heller graubraunen, jung fast weißen Hut, dicht stehende Lamellen und zuerst rötendes, dann schwärzendes Fleisch.

278 Wollschwamm ○

Lactarius vellereus

Hut: trichterförmig mit lange eingerolltem Rand; reinweiß und fein seidig-wollig, alt hellbraun fleckend; meist 10–17, selten bis 30 cm breit. **Lamellen:** hell cremefarben, alt etwas fleckig; schmal, dick und entfernt stehend, um den Stiel oft gegabelt. **Stiel:** weiß; sehr kurz und dick. **Fleisch:** hart und fest auf der Zunge äußerst scharf brennend, mit einem weißen ohne Verbindung mit dem Fleisch meist völlig milden Milchsaft. Sporenpulver weiß. **Vorkommen:** gruppenweise in Laub-, seltener auch in Nadelwäldern, überall sehr häufig.

Ähnliche Arten: Der Grauende Pfeffermilchling *(Lactarius piperatus)* mit beim Eintrocknen graugrün verfärbender Milch und der Grünende Pfeffermilchling *(Lactarius glaucescens)*, der eine grünlich eintrocknende Milch besitzt, wachsen an ähnlichen Stellen. Beide Arten besitzen sehr dicht stehende Lamellen und einen glatten, nicht seidig-wolligen Hut. Alle weißhütigen, scharfen Milchlinge – nach üblichen Rezepten zubereitet – lösen bei Genuß Magen-Darmbeschwerden aus.

276

277

278

279 Grubiger Milchling

Lactarius scrobiculatus ○

Hut: jung halbkugelig mit genabelter Mitte, bald breit trichterförmig mit lang eingerolltem Rand; strohfarben bis blaß zitronengelb; mit kreisförmig verlaufenden Zonen aus angeklebten, zottigen und faserigen Schuppen; gegen den Rand anfangs stark fransig-zottig, später kahl werdend; jung stark schmierig; meist 8–15, selten bis 24 cm breit. **Lamellen:** cremeweiß, alt braun fleckend; schmal, dick und ziemlich dicht stehend, am Stiel gerade angewachsen und manchmal gegabelt. **Stiel:** wie der Hut zitronengelb gefärbt und fein flaumig, mit dunklen, wasserfleckigen Gruben; sehr kurz und dick. **Fleisch:** weiß; ziemlich hart, mit weißem und sehr scharfem Milchsaft, der sich an der Luft nach etwa 10 Sekunden schön schwefelgelb verfärbt. Sporenpulver hellocker. **Vorkommen:** mitunter in großen Mengen in Nadelwäldern, meist unter Fichten; vor allem in Berglagen und in Nordeuropa sehr häufig.

Der Pilz ist in frischem Zustand ungenießbar. Er wird in Osteuropa wie viele andere scharfe Milchlinge mit Milchsäure vergoren (siliert) und in großen Mengen in der Konservenindustrie verwendet.

Ähnliche Arten: Es gibt noch zwei nahe verwandte, aber überaus seltene Milchlinge mit weißer, rasch gelb verfärbender Milch und fransig-zottigem Hut. Der Fransenmilchling *(Lactarius citriolens)* hat einen ockerweißen, ebenfalls fransig-zottigen und kreisförmig gezonten Hut und einen aromatischen, an Zitronenschalen erinnernden Geruch. Der nur schwach zottige, reinweiße und ungezonte, bei Druck gelb verfärbende Blasse Fransenmilchling *(Lactarius resimus)* wächst in Birkenwäldern Nordeuropas und ist in Mitteleuropa bisher sehr selten gefunden worden.

280 Violettmilchender Zottenreizker ○ ▽

Lactarius repraesentaneus

Hut: jung flach, auch alt kaum trichterförmig; hell strohgelb; von zottigen Haarbüscheln etwas schwächer kreisförmig gezont als der Grubige Milchling; Rand lang eingerollt und stark zottig; bis 15 cm breit. **Lamellen:** cremeweiß; dicht stehend. **Stiel:** hell strohgelb bis zitronenfarbig; gleich dick oder etwas bauchig und etwa so lang wie der Hut breit, an der Spitze schwach flockig, mit dunklen wasserfleckigen Gruben, hohl werdend. **Fleisch:** gelblich weiß; hart und fest, mit würzigem Geruch, einen weißen milden oder auch etwas bitteren Milchsaft ausscheidend der sich manchmal sofort, oft aber nur sehr langsam und mitunter erst nach Tagen violett verfärbt. Sporenpulver rahmgelb. **Vorkommen:** in Laub und Nadelwäldern, meist unter Fichten oder Birken auf kalkfreien Böden, vor allem im Gebirge (bis in 2000 m Höhe) und in Nordeuropa; sonst sehr selten und sollte geschont werden.

Ähnliche Arten: Der seltene Schildmilchling *(Lactarius aspideus)* ist kleiner und besitzt einen zwar ebenfalls stroh- bis zitronengelben, aber ungezonten und feucht schleimig-klebrigen Hut. Seine weiße, bitter schmeckende Milch färbt sich langsam lila.

279

280

281 Echter Reizker G

Lactarius deliciosus

Hut: jung flach, dann trichterförmig mit lang eingerolltem, jung bereiftem, später kahl werdendem Rand; hell lachsorange und kreisförmig gezont, besonders gegen den Rand mitunter mit grünlichen Flecken; feucht schmierig, trocken stark bereift; meist 7–10, selten bis 15 cm breit. **Lamellen:** hell orangegelb bis ocker, bei Druck grün, aber niemals weinrot fleckend; dicht stehend. **Stiel:** orange und oft mit Wasserflecken; etwas bereift, gegen den Grund meist etwas zuspitzend; festfleischig. **Fleisch:** cremefarben; mit karottenroter, beim Eintrocknen verblassender, nach Stunden graugrün, aber nie weinrot verfärbender, milder Milch. Sporenpulver hellocker. **Vorkommen:** nur unter Kiefern, meist auf kalkfreien Böden; gebietsweise häufig, vor allem in Osteuropa.
Ähnliche Arten: Der Blutreizker *(Lactarius sanguifluus)* wächst ebenfalls unter Kiefern, hat aber von Anfang an eine blutrote, milde Milch. Verwechslungsgefahr mit ähnlichen, aber weiß milchenden, teilweise scharfen, ungenießbaren Reizker-Arten.

282 Fichtenreizker G

Lactarius deterrimus

Hut: jung flach mit eingerolltem Rand, später trichterförmig; leuchtend orange, häufig auch mit grünen Tönen; meist ungezont, gelegentlich aber auch mit kreisförmigen Zonen; bis 10 cm breit. **Lamellen:** sattorange, bei Verletzung weinrot oder grün fleckend; ziemlich dicht stehend. **Stiel:** orangefarben, kaum wasserfleckig; gleich dick, bald hohl. **Fleisch:** hell creme-orange; mit einem milden, karottenroten, nach etwa 20 Minuten weinrot verfärbenden Milchsaft. Sporenpulver hellocker. **Vorkommen:** unter Fichten, besonders in Jungpflanzungen zwischen Gras; die häufigste Reizkerart im westlichen Mitteleuropa.
Ähnliche Arten: Der Halbblutreizker *(Lactarius semisanguifluus)* besitzt fast die gleichen Merkmale, ist nur durch sein Vorkommen unter Kiefern auf Kalk zu unterscheiden. Verwechslungsgefahr mit ähnlichen, aber weiß milchenden, teilweise scharfen, ungenießbaren Reizker-Arten.

283 Lachsreizker G V

Lactarius salmonicolor

Hut: jung flach, dann trichterförmig, mit jung eingerolltem Rand; gleichmäßig orange, nu schwach und sehr eng gezon und fast nie mit grünen Tönen lange schmierig glänzend meist 6–8, selten bis 15 cm breit. **Lamellen:** orange, be Verletzung weinrot fleckend dicht stehend und am Stiel her ablaufend. **Stiel:** orange gleich dick, kräftig, schwac bereift, innen hohl, etwas gru big. **Fleisch:** ocker; mit bitte rem, karottenrotem, über de Lamellen beim Eintrockne nach etwa 20 Minuten weinr verfärbendem Milchsaft. Sp renpulver blaßocker. **Vorkom men:** nur unter Weißtanne häufig; durch deren Rückga vom Aussterben bedroht; so te geschont werden.
Ähnliche Arten: Verwech lungsgefahr mit ähnliche aber weiß milchenden, te weise scharfen, ungenießbar Reizker-Arten.

281

282

283

284 Tannenreizker ○

Lactarius turpis

Hut: jung flach mit eingerolltem, etwas filzigem Rand, alt leicht trichterförmig; rußig olivfarben und alt fleckend; meist 8–10 cm breit. **Lamellen:** weiß; dicht stehend und am Stiel gerade angewachsen. **Stiel:** etwas heller als der Hut gefärbt, dunkel fleckend; gleich dick. **Fleisch:** weiß; mit sehr scharfem, weißem Milchsaft. Sporenpulver cremegelb. **Vorkommen:** nur unter Fichten auf saueren Böden, meist auf Nadelstreu; sehr häufig.

Der Pilz heißt wissenschaftlich auch *Lactarius necator* (= der Töter) und wird deshalb auch Mordschwamm genannt. Die Annahme, der Pilz sei giftig, ist falsch und auf eine Vergiftung infolge einer Verwechslung mit dem Grünen Knollenblätterpilz zurückzuführen.

285 Rußbrauner Milchling ○

Lactarius fuliginosus

Hut: jung flach, alt etwas trichterförmig; dunkelbraun und jung fein samtig, matt und stets trocken; bis 8 cm breit. **Lamellen:** gelbocker; mäßig dicht stehend, am Stiel gerade angewachsen oder etwas herablaufend. **Stiel:** etwas heller als der Hut gefärbt; an der Spitze nicht runzelig. **Fleisch:** weiß; mit reichlich fließender weißer, langsam rötender und ziemlich bitter schmeckender Milch. Sporenpulver hellocker. **Vorkommen:** meist in Laub- und Mischwäldern, vor allem unter Buchen; ziemlich häufig.

Ähnliche Arten: Der Pechschwarze Milchling *(Lactarius picinus)* hat einen noch dunkleren, alt etwas gerippten Hut und eine ziemlich scharfe, weiße Milch. Er wächst in Bergnadelwäldern.

286 Mohrenkopf G

Lactarius lignyotus

Hut: gewölbt mit etwas vertiefter, fast immer spitz gebuckelter Mitte und lang eingebogenem Rand; dunkel rußbraun, alt aufhellend; besonders gegen den Rand runzelig; bis 6 cm breit. **Lamellen:** jung weiß, später hell cremefarben, ziemlich dicht stehend. **Stiel:** wie der Hut gefärbt; ziemlich lang, gleich dick; an der Spitze von den weiterlaufenden Lamellen runzelig. **Fleisch:** weiß, an der Luft langsam rötend; mit weißem, völlig mildem Milchsaft. Sporenpulver hellocker. **Vorkommen:** in Nadelwäldern auf saueren Böden, meist in höheren Lagen; häufig.

287 Rosaanlaufender Milchling ○ ▽

Lactarius acris

Hut: jung konvex, später meis flach, gelegentlich auch trich terförmig; graubraun bis leder gelblich; feucht schleimig sonst samtig, glatt; bis 7 cm breit. **Lamellen:** satt ockergelb dicht stehend. **Stiel:** jung weiß später blaßocker; matt. **Fleisch** weiß; mit weißer, beim An schnitt sofort rosa anlaufende und sehr scharfer Milch. Sporenpulver blaßocker. **Vorkommen:** in Buchenwäldern a Kalkböden; ziemlich selte und sollte geschont werden.

Ähnliche Arten: Der Flügelsporige Milchling *(Lactarius pter sporus)* unter Hainbuchen h einen runzeligen Hut und n langsam rosa anlaufen Milch.

284

links
285

rechts
286

287

288 Rotbrauner Milchling ○

Lactarius rufus

Hut: jung kegelförmig, später flach und ganz alt auch trichterförmig, fast immer mit einem kräftigen, spitzen Buckel; dunkel rotbraun und mit einer schimmernden Reifschicht überzogen, nicht schmierig; bis 8 cm breit. **Lamellen:** fleischrötlich, alt oft fleckend; dicht stehend und am Stiel herablaufend. **Stiel:** wie der Hut gefärbt; ziemlich lang, gleich dick, alt hohl werdend. **Fleisch:** rötlichbraun; mit wässeriger, reichlich fließender und sehr scharfer, weißer Milch. Sporenpulver weiß. **Vorkommen:** meist in großen Scharen unter Fichten, Kiefern und Birken auf saueren Böden; einer der häufigsten Milchlinge.

Der Pilz wird von unkundigen Sammlern mit dem Brätling verwechselt und kann bei Verzehr recht unangenehme Magen-Darmbeschwerden auslösen.

Ähnliche Arten: Der Eichenreizker unterscheidet sich durch einen gezonten Hut und die bittere Milch; er wächst unter Eichen.

289 Maggipilz ○

Lactarius helvus

Hut: jung flach, bald trichterförmig und gelegentlich mit breitem, undeutlichem Buckel; jung meist rötlichocker und fein schuppig-filzig, alt verkahlend, oft mit wellig verbogenem Rand und ledergelblich ausblassend; bis 15 cm breit. **Lamellen:** jung gelblich, später satt ockergelb bis fleischfarben; ziemlich dicht stehend, etwas am Stiel herablaufend. **Stiel:** wie der Hut gefärbt; kräftig, gleich dick und fein flaumig, alt hohl werdend. **Fleisch:** rötlich-ocker; mit wässerigem, nur gelegentlich weißlichem, bald eintrocknendem, mildem Milchsaft; jung geruchlos, später besonders beim Eintrocknen mit starkem Geruch nach Maggiwürze. Sporenpulver blaß gelblich. **Vorkommen:** in feuchten und moorigen Nadelwäldern, meist unter eingestreuten Birken; nicht selten.

Der Pilz kann beim Genuß größerer Mengen Übelkeit und Erbrechen auslösen.

290 Kampfermilchling ○

Lactarius camphoratus

Hut: jung dunkel kastanienrotbraun und meist mit kleinem Buckel, später trichterförmig und trocken aufhellend; alt am Rand von den Lamellen etwas gerippt, nie schmierig; bis 5 cm breit. **Lamellen:** hell ockerrötlich; etwas entfernt stehend; alt von den Sporen weißlich bestäubt. **Stiel:** wie der Hut gefärbt; dünn und schlank, meist gebogen, am Grund oft etwas zuspitzend. **Fleisch:** rötlichbraun; mit weißer, milder und wässeriger, alt oft völlig eingetrockneter Milch; alt nach Maggiwürze riechend. Sporenpulver gelblich. **Vorkommen:** scharenweise in Nadel- und Mischwäldern; sehr häufig.

Ähnliche Arten: Der Flatterreizker *(Lactarius thejogalus)* mit hellerem, mehr orangebraunem, alt oft nach oben geschlagenem, trichterförmigen Hut wächst oft in großen Scharen in feuchten und moorigen Laub- und Nadelwäldern. Die wässerig-weiße, milde oder etwas bittere Milch färbt sich an der Luft langsam schwefelgelb

288

289

290

291 Birkenreizker ○

Lactarius torminosus

Hut: in der Mitte nabelförmig vertieft mit lang eingerolltem Rand, später etwas trichterförmig; fleischrosa bis bräunlich und kreisförmig gezont; vor allem am Rand fransig-zottig; bis 12 cm breit. **Lamellen:** blaß cremefarben; dicht stehend und am Stiel etwas herablaufend. **Stiel:** hellrosa gefärbt; gleich dick, hohl werdend. **Fleisch:** weiß bis hell fleischrosa; mit weißer, sehr scharfer Milch. Sporenpulver hell gelblich. **Vorkommen:** nur unter Birken, meist auf sauerem und etwas feuchtem Boden; häufig. Der Pilz verursacht bei Genuß, zubereitet nach üblichen Rezepten, heftige Magen-Darmbeschwerden. Er wird aber in Osteuropa mit Milchsäure vergoren (siliert) und auf diese Weise genießbar gemacht. In Finnland gilt er sogar als beliebter Speisepilz.

Ähnliche Arten: Der Flaumige Moormilchling *(Lactarius pubescens)* wächst ebenfalls unter Birken, aber an feuchteren Stellen. Er hat einen kleineren, weniger zottigen und helleren, oft fast weißen, ungezonten Hut und ist seltener.

292 Eichenreizker ○

Lactarius quietus

Hut: jung flach mit eingerolltem Rand, später etwas trichterförmig; hell rotbraun und jung schmierig, alt mehr lederfarben, schwach kreisförmig gezont; bis 8 cm breit. **Lamellen:** dunkel cremerötlich; dicht stehend. **Stiel:** wie der Hut gefärbt; gleich dick mit meist etwas verjüngtem Grund. **Fleisch:** hell rötlichbraun; mit wässerigem, gelblichweißem, mildem Milchsaft, unangenehmer Geruch nach Blattwanzen. Sporenpulver blaß gelblich. **Vorkommen:** meist in großen Scharen, nur unter Eichen; sehr häufig.

Ähnliche Arten: Der Rotbraune Milchling mit dunkler rotbraunem, stets gebuckeltem und nicht gezontem Hut hat sehr scharfe Milch und wächst im Nadelwald.

293 Goldflüssiger Milchling ○

Lactarius chrysorheus

Hut: flach mit jung eingerolltem Rand, später undeutlich trichterförmig; cremegelb bis hellorange und besonders gegen den Rand kreisförmig gezont; bis 7 cm breit. **Lamellen:** hell cremefarben; dicht stehend. **Stiel:** weiß oder wie der Hut gefärbt; ziemlich kurz, gleich dick oder am Grund etwas zuspitzend. **Fleisch:** weiß; mit weißem, an der Luft sofort leuchtend schwefelgelb verfärbendem, scharfem Milchsaft. Sporenpulver blaßocker. **Vorkommen:** in Laubwäldern bei Eichen oder Edelkastanien, aber auch unter Kiefern auf Sandböden beobachtet; ziemlich selten.

Ähnliche Arten: Mehrere orangefarbene Milchlinge mit gezontem Hut sehen ähnlich aus. Orangeroten Milchsaft besitzen einige Reizkerarten; weiße Milch der mild schmeckende Lärchenreizker. Kräftig orangerosa gezont ist der Orangefarbene Zonenmilchling *(Lactarius insulsus)* mit bis zu 15 cm breitem, tief trichterförmigem, lange eingerolltem Hut und äußerst scharfer, weißer Milch. Er wächst unter Eichen oder Hainbuchen auf Kalkböden.

291

292

293

294 Heidemilchling ○ ▽

Lactarius musteus

Hut: konvex bis trichterförmig, mit lang eingerolltem und jung etwas filzigem Rand; weißlich bis blaß ockerlich, mitunter etwas gezont und fleckig; alt auch schwach gerieft, feucht stark schmierig; bis 8 cm breit. **Lamellen:** jung schmutzigweiß, später blaß cremefarben, bei Druck rostbraun fleckend; ziemlich dicht stehend und alt am Stiel herablaufend. **Stiel:** weißlich-ocker und oft fleckig, an der Spitze manchmal rosa; hohl, kräftig. **Fleisch:** weißlich; mit weißer, beim Eintrocknen meist schwefelgelb verfärbender, milder Milch. Sporenpulver ockergelblich. **Vorkommen:** nur unter Kiefern, meist auf Sandböden und in Mooren; sehr selten und sollte geschont werden.

295 Gebänderter Milchling ○

Lactarius pyrogalus

Hut: jung konvex und schmierig, später breit schüsselförmig, am Rand oft wellig verbogen, fast trocken; schmutziggrau, mitunter auch mit violettlichem Ton, immer kreisförmig gezont; bis 10 cm breit. **Lamellen:** jung weißlich, später blaßokker; ziemlich dicht stehend und am Stiel herablaufend. **Stiel:** wie der Hut gefärbt; mit zuspitzendem Grund. **Fleisch:** wässerig weißlich; mit weißem, scharfem, beim Eintrocknen nicht verfärbendem Milchsaft. Sporenpulver hellocker. **Vorkommen:** unter Laubbäumen, vor allem Eichen, Hainbuchen, Eschen und Ulmen; nicht selten.

296 Nordischer Milchling ○

Lactarius trivialis

Hut: jung flach oder etwas vertieft mit lang eingerolltem Rand, stark schmierig; jung stahlblau bis violett, etwas marmoriert und am Rand auch wasserfleckig, alt verblassend und dann orange-fleischfarben; meist 8–12, selten bis 25 cm breit. **Lamellen:** weißgrau, alt ockerlich, bei Verletzung graugrün fleckend; mäßig dicht stehend. **Stiel:** blaß okkerlich; schmierig; meist ziemlich lang, gleich dick. **Fleisch:** weißlich; mit weißem, reichlich fließendem und ziemlich scharfem Milchsaft. Sporenpulver blaß gelblich. **Vorkommen:** in feuchten Nadelwäldern und Mooren; in Osteuropa sehr häufig, sonst seltener.

Der Pilz läßt sich durch Wässern oder Silieren genießbar machen und wird in Osteuropa als Speisepilz verwendet.

297 Violettmilchender Milchling ○

Lactarius uvidus

Hut: jung konvex, bald flac oder undeutlich trichterförmig jung schmutzig lilagrau, a mehr fleischbraun, gegen de Rand mitunter schwach kreis förmig gezont; stark schmierig bis 10 cm breit. **Lamellen:** jun weißlich, alt gelblich; dicht st hend. **Stiel:** weißlich; etwa runzelig, schmierig; ziemlic lang. **Fleisch:** hell fleischbräu lich; mit reichlich fließende an der Luft violett verfärbe der, bitterer Milch. Sporenpu ver gelblich. **Vorkommen:** Mooren und feuchten Lau und Nadelwäldern, vom Tie land bis zur Waldgrenze au steigend; nicht selten.

294

links
295

rechts
296

297

298 Milder Milchling ○

Lactarius mitissimus

Hut: konvex mit etwas vertiefter und häufig klein gebuckelter Mitte; gleichmäßig orangefarben; mit glatter, nicht runzeliger Oberfläche; bis 5 cm breit. **Lamellen:** jung weiß, bald hell zimtfarben; dicht stehend. **Stiel:** orange, jung ockerlich bereift. **Fleisch:** gelblich bis orange-bräunlich; mit reichlichem, weißem und völlig mildem Milchsaft. Sporenpulver hellgelb. **Vorkommen:** meist in Nadelwäldern; sehr häufig.

299 Rotgegürtelter Milchling ○

Lactarius rubrocinctus

Hut: bald tief trichterförmig mit lange eingerolltem Rand, manchmal spitz gebuckelt, fuchsig-orange, trocken ausblassend, gelegentlich in der Mitte runzelig, bis 8 cm breit. **Lamellen:** fleischfarben, oft mit lila Ton, ziemlich dicht stehend. **Stiel:** wie der Hut gefärbt, gleich dick, an der Spitze unter den Lamellen oft mit einer dunkler roten, ringartigen Zone. **Fleisch:** rötlichbraun; mit wässeriger, weißer, bitterer bis ziemlich scharfer Milch. Sporenpulver rahmgelb. **Vorkommen:** meist einzeln unter Buchen; ziemlich selten.

300 Brätling S

Lactarius volemus

Hut: jung flach, alt auch trichterförmig; schön orange- bis fuchsigbraun und fein samtig; bis 12 cm breit. **Lamellen:** blaßocker, bei Verletzung fleckend; dicht stehend und alt etwas am Stiel herablaufend. **Stiel:** orangebraun und fein bereift. **Fleisch:** mit reichlich fließendem, weißem, mildem Milchsaft und typisch fischartigem Geruch. Sporenpulver weiß. **Vorkommen:** in Laub- und Nadelwäldern; ziemlich häufig. **Verwertung:** eignet sich nur zum Braten, nicht zum Kochen. **Ähnliche Arten:** Verwechslungsgefahr mit zahlreichen, ähnlich gefärbten, teilweise sehr scharfen Reizker- und Milchlingsarten; deshalb immer auf Fischgeruch achten!

301 Lärchenreizker G

Lactarius porninsis

Hut: mit etwas vertiefter Mitte und jung eingerolltem Rand, alt auch trichterförmig; gleichmäßig orange und meist gezont; Rand kahl; bis 8 cm breit. **Lamellen:** dunkel cremeocker; ziemlich dicht stehend. **Stiel:** hell orangerot; gleich dick, hohl werdend. **Fleisch:** weißlich-ocker; mit mildem oder schwach bitterem, weißem Milchsaft. Sporenpulver hell ocker. **Vorkommen:** nur unter Lärchen; im Gebirge häufig, sonst sehr selten.

302 Zweifarbiger Orangemilchling ○

Lactarius ichoratus

Hut: flach mit jung eingerolltem Rand, alt auch trichterförmig; in der Mitte dunkel fuchsbraun, Randzone meist scharf abgesetzt heller orangebraun, etwas glänzend; bis 8 cm breit. **Lamellen:** blaßocker; ziemlich dicht stehend. **Stiel:** orangebraun; gleich dick. **Fleisch:** mit ziemlich bitterer, weißer Milch. Sporenpulver blaßocker. **Vorkommen:** in Laubwäldern, vorwiegend unter Buchen.

links
298

rechts
299

300

links
301

rechts
302

303 Graugrüner Milchling

Lactarius blennius

Hut: jung eingerollt, bald trichterförmig und am Rand oft verbogen, alt auch lappig oder grob gekerbt; gleichmäßig olivgrau bis graugrün und nur selten undeutlich kreisförmig gezont; jung stark schmierig, später meist trocken und glänzend; bis 7 cm breit, selten größer. **Lamellen:** jung weiß, später blaß cremefarben, bei Druck bräunlichgrau fleckend; meist am Stiel herablaufend. **Stiel:** wie der Hut gefärbt; jung oft schmierig, etwas längsaderig, bald hohl werdend. **Fleisch:** weiß; mit reichlich fließendem, weißem, äußerst scharfem Milchsaft. Sporenpulver blaßgelb. **Vorkommen:** scharenweise in Buchenwäldern, häufig. **Ähnliche Arten:** Der Graue Tannenmilchling *(Lactarius glutinopallens)* wächst unter Weißtannen, meist auf Kalkböden. Er hat einen noch stärker schleimigen, gleichmäßig hellgrau gefärbten Hut und ebenfalls sehr scharfe, weiße Milch. Unter Birken wächst der Graufleckende Milchling *(Lactarius vietus)*. Er hat einen mehr violettgrauen, ebenfalls schleimigen Hut und brennend scharfen, weißen Milchsaft, der beim Eintrocknen graugrün verfärbt.

304 Braunfleckiger Milchling

Lactarius fluens

Hut: jung flach mit eingerolltem Rand, seltener gebuckelt, alt oft trichterförmig; meist oliv, aber auch graugrün oder ledergrau; jung stark schmierig und weißlich bereift, deutlich kreisförmig gezont und oft am Rand mit dunklen Wasserflecken; bis 8, selten bis 12 cm breit. **Lamellen:** gelblichweiß und bei Verletzung bräunend; dicht stehend. **Stiel:** wie der Hut gefärbt; nur feucht etwas schmierig, gleich dick. **Fleisch:** weiß, im Stiel später bräunend; mit reichlicher, ziemlich scharfer, weißer Milch. Sporenpulver gelblich. **Vorkommen:** in Buchenwäldern; recht häufig. **Ähnliche Arten:** Der Gebänderte Milchling hat einen weniger schmierigen, mehr violettgrauen Hut. Der Violettmilchende Milchling kann ähnlich aussehen. Er verrät sich jedoch durch die bei Berührung sofort violett verfärbende Milch.

305 Fleischblasser Milchling

Lactarius pallidus

Hut: jung flach mit etwas vertiefter Mitte, bald trichterförmig; gleichmäßig blaß fleisch rötlich, nur jung manchmal am Rand undeutlich gezont feucht sehr stark schleimig schmierig, bei Trockenhei glänzend; bis 10 cm breit. **La mellen:** blaß fleischocker kaum fleckend; ziemlich dich stehend. **Stiel:** etwas blasser al der Hut gefärbt; schmierig meist ziemlich kurz und ge drungen, gleich dick, bald hoh **Fleisch:** blaß fleischfarben; mi ziemlich reichlichem, weißen und mildem Milchsaft un schwachem Obstgeruch. Spo renpulver blaßocker. **Vorkom men:** in Laubwäldern, vor a lem bei Buchen; recht häufi **Ähnliche Arten:** Einen etwa dunkler lederfarben bis ocke rötlichen, gleichfalls schleim gen Hut besitzt der Kuhro Milchling *(Lactarius hysginus* der unter Birken zwischen Gr wächst, aber viel seltener ist.

303

304

305

306 Zinnobertramete ○

Pycnoporus cinnabarinus

Hut: halbkreisförmig seitlich dem Holz ansitzend, meist dicht dachziegelig übereinanderstehend und mit den Nachbarhüten zusammenfließend; ziemlich flach, jung etwas runzelig; leuchtend zinnoberrot, überwinterte Fruchtkörper am Rand braunrot; bis 8 cm breit. **Poren:** zinnoberrot; ziemlich englöcherig. **Fleisch:** zinnoberrot; zäh. **Vorkommen:** meist nur einjährig, selten auch zweijährig; an Stümpfen und toten Ästen verschiedener Laubhölzer, vorwiegend an Buchen und Birken; vorwiegend in höheren Lagen.

307 Schwefelporling ○

Laetiporus sulphureus

Hut: ziemlich flach, Oberseite etwas wellig und kahl; jung leuchtend schwefelgelb mit heller Randzone, später verblassend und schmutzig weißgrau; bis 30 cm breit. **Poren:** hell schwefelgelb, jung oft mit gelben Tropfen; sehr englöcherig, 2–4 mm lang. **Fleisch:** jung gelb, weich und safthaltig, nach dem Absterben des Pilzes verblassend; mürbe und zerbrökkelnd, mit unangenehmem Geruch und leicht bitterem Geschmack. **Vorkommen:** an lebenden Laubbäumen, vor allem Eichen, Weiden und verschiedenen Obstbäumen; einjährig, aber mehrere Jahre hintereinander am gleichen Stamm.

Das Pilzgeflecht dieses gefährlichen Parasiten zersetzt das Kernholz und verwandelt es in eine bröckelige, braune Masse. Dabei wird der Stamm von unten her ausgehöhlt. Wenn die Fruchtkörper erscheinen, ist der befallene Baum nicht mehr zu retten. Die meist dachziegelig übereinanderstehenden Hüte können meterhohe Reihen bilden, man hat schon bis zu 400 Hüte an einem Stamm gezählt. Abgestorbene Fruchtkörper können noch lange am Stamm bleiben.

308 Kiefern-Braunporling ○

Phaeolus spadiceus

Hut: aus einem zunächst unförmigen Klumpen entstehend, stets fächerförmig oder halbkreisartig auseinanderwachsend und dachziegelig übereinanderstehend; jung weich mit hellgelber Kante und weißem, später rotbraunem und alt schwarzem Filz bedeckt. **Poren:** jung gelboliv, bei Druck fleckend, alt dunkelbraun und lamellenartig aufreißend. **Fleisch:** jung gelbbraun, weich und safthaltig, später rostbraun; nach dem Absterben des Pilzes eintrocknend und sehr leicht. **Vorkommen:** an verschiedenen Nadelhölzern, vor allem an Kiefern und Lärchen, meist am Grund lebender Stämme.

Der Pilz dringt über die Wurzeln in das Kernholz des befallenen Baumes ein und löst vom Stammgrund her eine starke Braunfäule aus. Die einjährigen Fruchtkörper erscheinen auch nach dem Absterben des Baumes noch einige Jahre lang

306

307

308

309 Schmetterlingstramete ○

Trametes versicolor

Hut: flach, halbkreisförmig mit dicker Ansatzstelle, meist dachziegelig übereinanderstehend; in der Farbe sehr veränderlich, weißgrau, gelb, im Spätherbst ausgewachsen oft schwarz, aber ebenso mit braunen oder grünlichen Zonen, oft auch recht bunt gefärbt; stets mit schön seidig glänzenden Zonen aus sehr kurzen Härchen bedeckt; bis 8 cm breit. **Poren:** weiß; ziemlich weitlöcherig. **Fleisch:** weiß; von Anfang an lederartig, zäh. **Vorkommen:** das ganze Jahr über in Laubwäldern, vor allem an Buchenstümpfen, vorwiegend an sonnigen Stellen; sehr häufig.

Ähnliche Arten: Die Gezonte Tramete *(Trametes zonata)* ist viel seltener und unterscheidet sich durch eine noch dickere Ansatzstelle und das Fehlen der seidig glänzenden Haarzonen. Die Striegelige Tramete ist größer und dicker, hat einen grob haarigen, nicht glänzenden Hutfilz und wächst an besonntem, totem Laubholz. Von oben ähnlich ist auch der Gezonte Ohrlappenpilz. Ein Blick auf die glatte, graubraune Unterseite genügt zur Unterscheidung.

Die Gattung *Tramete* umfaßt etwa ein Dutzend Arten mit flachen, halbkreisförmigen Fruchtkörpern an totem Holz. Im Gegensatz zu anderen, oft große und mehrjährige Fruchtkörper bildenden Porlingsarten sind die Trameten einjährig; die Fruchtkörper sterben bald ab und werden dann sehr leicht und zäh. Die meisten Pilze mit porenartiger Fruchtschicht werden im Volksmund als Porlinge bezeichnet. Da aber Poren kein Kennzeichen natürlicher Verwandtschaft sind, werden diese Porlinge verschiedenen Familien zugeordnet. Die in Hut und Stiel gegliederten Porlinge sind mit den konsolenförmig oder flach dem Holz ansitzenden »Baumschwämmen« nicht näher verwandt.

310 Blaßblauer Saftporling ○

Spongiporus subcaesius

Hut: halbkreisförmig mit schmaler, dicker Ansatzstelle, Einzelhüte gruppenweise oder dachziegelig übereinanderstehend; jung dunkel blaugrau mit weißer Zuwachskante, alt schmutziggrau verblassend, meist mit von der Ansatzstelle zum Rand verlaufenden Runzeln; bis 8 cm breit. **Poren:** weiß; englöcherig. **Fleisch:** weiß; jung sehr weich und safthaltig, bei Druck etwas bitteres Wasser absondernd, eingetrocknet zäh und sehr leicht. **Vorkommen:** einjährig an entrindetem Laubholz; häufig.

Ähnliche Arten: Der Blaue Saftporling *(Spongiporus caesius)* ist etwas dunkler blau und unterscheidet sich u. a. dadurch, daß er ausschließlich an Nadelhölzern wächst. Man findet ihn vorwiegend an der Schnittfläche zersägter, vom Wurzelschwamm ausgehöhlter Stammstücke. Eine Reihe weiterer Saftporlinge mit anfangs rein weißem, weichem und wässerigem Fleisch wächst an verschiedenen Laub- und Nadelhölzern. Am einfachsten erkennt man den Bitteren Saftporling *(Spongiporus stypticus)*, der oft an toten Fichtenstrünken zu finden ist, sehr bitter schmeckendes Fleisch und größere Hüte besitzt.

309

310

311 Wurzelschwamm ○

Heterobasidion annosum

Hut: sehr schmal und meist nur 1–2 cm vom Holz abstehend, oft dachziegelförmig übereinanderstehend; dunkelbraun, gezont, mit jung weißer Kante; kahl und höckerig gefurcht, sehr hart; bis zu 15 cm breit. **Poren:** jung weiß, später gelblich; englöcherig. **Fleisch:** weiß; hart und zäh, mit säuerlichem Geruch. **Vorkommen:** an Nadelholz; sehr häufig.

Der Pilz löst im Kernholz lebender Fichten eine starke Braunfäule aus. Die Fruchtkörper erscheinen erst nach Absterben des Baumes.

312 Tannentramete ○

Trichaptum abietinum

Hut: halbkreisförmig, dachziegelig übereinanderstehend; weißgraufilzig und etwas gezont; sehr dünnfleischig; bis 3 cm breit. **Poren:** jung besonders am Rand schön violett; oft weit am Holz herablaufend. **Vorkommen:** einjährig im Spätherbst an Nadelhölzern; häufig.

313 Riesenporling ○

Meripilus giganteus

Hut: einseitig fächerförmig, gestielt, mit den dachziegelig übereinanderstehenden Nachbarhüten oft sehr große Fruchtkörper bildend; dunkelbraun mit gelbbrauner, gezonter Kante; bis 20 cm breit. **Poren:** blaß gelblich; englöcherig. **Fleisch:** jung weiß, weich und safthaltig, alt schwärzend. **Vorkommen:** einjährig an Laubholzstümpfen, vor allem an freistehenden Buchen und Eichen.

314 Erlen-Schillerporling ○

Inonotus radiatus

Hut: konsolenförmig-dachziegelig übereinanderstehend; jung gelbbraun und fein filzig, oft mit braunen Tropfen, später kahl, dunkel gelbbraun und alt fast schwarz; bis 6 cm breit. **Poren:** braun, im Seitenlicht mit schönem Silberglanz; ziemlich englöcherig. **Fleisch:** dunkel rotbraun; hart und zäh. **Vorkommen:** einjährig an Stämmen lebender Erlen, die meist rasch absterben.

315 Rotrandporling ○

Fomitopsis pinicola

Hut: dick konsolenförmig; mit jung glänzend gelbbrauner, später matt rotbrauner, alt schwarzer Kruste, mehrjährige Fruchtkörper oft dreifarbig gezont; bis 20 cm breit. **Poren:** strohfarben; sehr englöcherig. **Fleisch:** hell gelbbräunlich; jung mit säuerlichem Geruch, sehr hart. **Vorkommen:** meist an Fichten oder Erlen, vorwiegend in höheren Lagen häufig.

316 Birkensaftporling ○

Piptoporus betulinus

Hut: jung kugelig, später ein seitig kissenförmig und stiela tig am Holz festgewachsen jung weiß, dann haselbraun bis 15 cm breit. **Poren:** wei grau, nicht fleckend; englöch rig. **Fleisch:** jung weiß, weic und safthaltig; alt zäh und se leicht. **Vorkommen:** an stehe den oder umgefallenen Stän men von Birken.

Der Pilz befällt geschwäch Bäume und löst eine intensi Braunfäule aus; die Fruchtkö per erscheinen erst nach A sterben des Baumes.

links
311

rechts
312

links
313

rechts
314

links
315

rechts
316

317 Rötende Tramete ○

Daedaleopsis confragosa

Hut: halbkreisförmig und einseitig dem Holz ansitzend, ziemlich flach; hell bräunlich, fein samtig und meist runzelig, schön mehrfarbig gezont, bei Druck besonders gegen den Rand nicht selten rötend; bis 10 cm breit. **Poren:** schmutzigweiß, bei Druck rötend; sehr unterschiedlich, teilweise weitlöcherig mit dicken Wänden, teilweise auch lamellenförmig, dazwischen zahlreiche Übergangsformen. **Fleisch:** hellbraun; sehr zäh. **Vorkommen:** meist an toten Stämmen von Weiden und Erlen, seltener auch an anderen Laubhölzern; häufig.

Der formenreiche Pilz wurde vor allem wegen seiner Fruchtschicht, die porenförmig oder lamellenartig ausgebildet sein kann, schon wiederholt in verschiedene Arten aufgespalten.

318 Striegelige Tramete ○

Trametes hirsuta

Hut: rundlich tellerförmig, bei seitlichem Wuchs oval, mit stumpfer Kante; Oberfläche weißgrau bis bräunlich und dicht samtig-filzig, deutlich gezont; bis 8 cm breit. **Poren:** weißgrau, alt auch dunkler grau oder etwas gelblich; ziemlich weitlöcherig und dickwandig. **Fleisch:** weiß; zäh, ziemlich leicht. **Vorkommen:** oft in ausgedehnten Rasen, ausschließlich an toten Laubhölzern, gern an sonnigen Stellen; überall sehr häufig.

Ähnliche Arten: Größere Fruchtkörper mit sehr weiten, reinweißen Poren und gezonter, aber nur fein filziger Oberfläche bildet die Buckeltramete *(Trametes gibbosa).* Man erkennt diesen an Buchenstümpfen wachsenden Pilz auch an der dicken, knollenförmigen Ansatzstelle.

319 Fenchelporling ○

Gloeophyllum odoratum

Hut: jung unförmig knollig, später konsolenförmig, runzelig gefurcht und fein wollig, oft mit den Nachbarhüten zusammenfließend; am Rand lebhaft gelbbraun, ältere Teile schwarzbraun; bis 10 cm breit. **Poren:** gelblich-weiß; sehr groß und weitlöcherig. **Fleisch:** gelbbraun; sehr hart und zäh, beim Anbrechen mit angenehm süßlichem, an Anis oder Fenchel erinnerndem Geruch. **Vorkommen:** ausschließlich auf Stümpfen alter Fichten, selten auch Weißtannen; in tiefen Lagen selten, sonst sehr häufig.

320 Echter Zunderschwamm ○

Fomes fomentarius

Hut: jung knollig, bald breit hufförmig, sehr hart und dick, mit hellgrauer, etwas gezonter Oberfläche, am Rand hellbraun; bis 35 cm breit. **Poren:** weißgrau, am frischen Fruchtkörper bei Druck etwas fleckend, im Schnitt rotbraun; sehr englöcherig, bei älteren Pilzen sehr dick und mehrschichtig übereinanderstehend. **Fleisch:** gelbbraun; weich und zäh, ziemlich dünn zwischen Hutkruste und Porenschicht; sehr leicht brennend (wurde früher zur Herstellung von Zunder verwendet). **Vorkommen:** meist an absterbenden Buchen, seltener an Birken und anderen Laubbäumen; häufig.

317

links
318

rechts
319

320

321 Haariger Schichtpilz

Stereum hirsutum ○

Hut: ziemlich dünn und wellig verbogen, oft mit den Nachbarhüten zusammenfließend und am Holz herablaufend; jung leuchtend orangegelb und mit dickem Haarfilz bedeckt, alt grauweiß verblassend; 1–2 mm dick und 1–2 cm vom Holz abstehend. **Fruchtschicht:** hell orangegelb, bei Druck nicht rötend; glatt, ohne Poren. **Vorkommen:** an toten Laubhölzern, selten auch an Nadelholz; überall sehr häufig.

Ähnliche Arten: Der Rötende Schichtpilz *(Stereum rugosum)* bildet ausgebreitete Fruchtkörper mit nur schmalen Hutkanten und läuft beim Reiben auf der Fruchtschicht rötlich an. Auf Nadelholz wächst der sehr dünne, graugefärbte Blutende Schichtpilz *(Stereum sanguinolentum).* Seine Fruchtschicht färbt beim Reiben dunkelrot.

322 Rotbrauner Borstenscheibling ○

Hymenochaete rubiginosa

Hut: sehr dünn, nur in der Mitte am Holz angewachsen und dadurch etwas glockenförmig, bis 2 cm vom Holz abstehende Hütchen bildend, dicht dachziegelig; dunkel rotbraun mit schmalen schwarzen Zonen. **Fruchtschicht:** dunkel rotbraun; glatt, mit nur bei starker Vergrößerung sichtbaren spitzen Borsten besetzt; meist am Holz herablaufend und mit den darunterstehenden Hüten verschmolzen; manche Formen auch ohne Hutkanten. **Fleisch:** dunkelbraun; zäh. **Vorkommen:** meist an Stümpfen oder stehenden toten Stämmen von Eichen oder Edelkastanien; nicht selten.

Ähnliche Arten: Vorwiegend an Weiden und Haselnuß wächst der dunklere Umbrabraune Borstenscheibling *(Hymenochaete tabacina).* Er bildet oft zusammenfließende Hutreihen mit dunkelbrauner, frisch an der Kante gelber Oberfläche.

323 Weidenfeuerschwamm ○

Phellinus punctatus

Fruchtkörper: auf der Unterseite dicker Äste und Stämme absterbender Weiden; jung eine dünne Kruste bildend, im Laufe der Jahre durch immer neue Fruchtschichten kissenförmig, oft größere Flächen bedeckend, dunkel rotbraun. **Poren:** im Schräglicht seidig schimmernd; sehr englöcherig. **Fleisch:** dunkel rotbraun; sehr zäh und fest.

Ähnliche Arten: Es gibt verschiedene Feuerschwammarten, die teils konsolenförmige Fruchtkörper, teils aber auch nur unterseits am Holz festgewachsene Überzüge bilden.

324 Blutroter Borstenscheibling ○ ▽

Hymenochaete cruenta

Fruchtkörper: flach angedrückt, sehr dünn (nur bis 0,4 mm dick), mit etwas abgelösten Rändern, oval oder kreisförmig; bis 3 cm breit werdend. **Fruchtschicht:** leuchtend blutrot, nach dem Absterben braunrot; glatt, mit kleinen Höckern und mit spitzen, nur unter einer starken Lupe sichtbaren Borsten. **Vorkommen:** an frisch abgestorbenen, noch am Stamm hängenden Ästen von Weißtannen, oft hoch über dem Boden; selten und sollten geschont werden.

321

links
322
rechts
323

324

325 Zaunblättling ○

Gloephyllum sepiarium

Hut: halbkreisförmig, sehr rauh und schwach kreisförmig gezont; dunkelbraun, gegen den Rand rotbraun, jung mit gelbbrauner Zuwachskante; bis 6 cm breit. **Poren:** jung gelb, alt rostbraun; sehr weitlöcherig und dickwandig, meist lamellenartig auseinandergezogen. **Fleisch:** rotbraun; sehr hart und zäh. **Vorkommen:** an entrindeten Nadelhölzern (Fichte, Kiefer), vor allem an Zaunpfosten, Geländern und Holzbänken; sehr häufig.

Der Pilz löst im Kernholz eine Braunfäule aus und gehört zu den gefährlichsten Zerstörern von im Freien verbautem Nadelholz. Er verträgt starke Austrocknung und findet sich deshalb häufig an warmen und sonnigen Stellen.

326 Gallertfleischiger Fältling ○

Merulius tremellosus

Hut: in langen, dachziegelig übereinanderstehenden Reihen, auch einzeln und dann muschelförmig; weißlich-grau und grobfilzig, feucht auch durchscheinend orange; sehr breit. **Fruchtschicht:** jung orangegelb, alt verblassend; faltig, gegabelt und oft wabenartig-netzig. **Fleisch:** orangegelb; gallertig biegsam, trocken knorpelig zäh. **Vorkommen:** im Spätherbst und Winter an Stümpfen verschiedener Laubhölzer, vor allem an Buchen; nicht selten.

Zu den Fältlingen gehört auch der gefürchtete Hausschwamm *(Serpula lacrymans),* dessen Geflecht in verbautes Holz eindringt und große Schäden in Gebäuden anrichten kann. Seine bis 1 qm großen, flach auf dem Holz ausgebreiteten Fruchtkörper sind gelbbraun, wellig-faltig und von einem weißen, watteartigen Geflecht umgeben.

327 Buchen-Aderzähling ○

Plicatura crispa

Hut: jung glockig, später unregelmäßig muschel- oder schüsselförmig hängend, jung feinfilzig; gelb- oder rötlichbraun gezont, mit weißem Rand; zäh und sehr dünn; bis 2 cm breit. **Fruchtschicht:** weiß; unregelmäßig aderig-faltig, meist gegabelt. **Vorkommen:** in großen Scharen an Buchenholz, vor allem an dünnen, noch stehenden, abgestorbenen Stämmen, vorwiegend im Herbst und Winter; häufig.

328 Orangefarbiger Kammpilz ○

Phlebia merismoides

Fruchtkörper: flach ausgebrei tet und am Holz festgewach sen; unregelmäßig kreisförmi mit faseriger Zuwachszone, of zusammenfließend und dan große Überzüge bildend, a senkrechtem Holz auch m schmalen Hutkanten. **Frucht schicht:** jung leuchtend orange rot, später ausblassend un schmutzig fleischbräunlich faltig-runzelig und oft höck rig. **Fleisch:** gallertig-zäh; ge ruch- und geschmacklos. **Vo kommen:** vom Spätherbst b zum Frühjahr an der Untersei von noch ziemlich feste Laubholz, meist an liegende Stämmen und Stümpfen vo Buchen und Birken; löst ei starke Weißfäule aus; häufi

325

links
326
rechts
327

328

329 Goldgelber Ziegenbart G ▽

Ramaria largentii

Fruchtkörper: mehrfach verzweigt mit kräftigem, kurzem, cremefarbenem Strunk und aufrechtstehenden, am Ende gegabelten oder abgestutzten Ästen; gleichmäßig zitronen- bis goldgelb, alt blaß gelbocker; 6–10 cm breit und bis 12 cm hoch. **Fleisch:** weiß; geruchlos und milder Geschmack. **Vorkommen:** vorwiegend in Nadelwäldern höherer Lagen, aber auch in Laub- und Mischwäldern; im Gebirge ziemlich häufig, sonst selten. Die Goldgelbe Koralle ist eßbar, aber zäh und von geringer Qualität.

Ähnliche Arten: Ausgewachsene Fruchtkörper der schwach giftigen Dreifarbigen Koralle sind äußerlich kaum zu unterscheiden. Es wird deshalb vom Verzehr aller Korallenpilze abgeraten.

330 Flatterige Koralle ○

Ramaria flaccida

Fruchtkörper: mehrfach verzweigt, ziemlich schlank, mit zahlreichen, steil nach oben gerichteten, schlanken Ästen und dünnen, sehr kurzen, ziemlich spitzen Zweigen; gleichmäßig ocker; bis 4 cm breit und ebenso hoch. **Fleisch:** weiß; etwas bitterer Geschmack. **Vorkommen:** in großen Scharen in Nadelwäldern, vor allem unter Kiefern und Fichten, meist in Jungpflanzungen auf Nadelstreu; sehr häufig.

331 Klebriger Hörnling ○

Calocera viscosa

Fruchtkörper: meist einfach verzweigt mit ungeteilten oder geweihartig zerteilten Ästen, am Grund weißfilzig und sehr tief im Holz wurzelnd, ziemlich schlank; leuchtend dottergelb bis orange, oft weiß bestäubt und etwas klebrig; bis 3 cm breit und 6 cm hoch. **Fleisch:** gelblichweiß; elastisch-zäh und biegsam, nicht brechend, ohne Geruch und Geschmack. **Vorkommen:** an totem Nadelholz; sehr häufig.

Der Pilz wird fälschlich oft als Korallenpilz betrachtet und auch gegessen. Sein zähes Fleisch ist zwar geschmacklos und unverdaulich, scheint aber nur selten Beschwerden zu verursachen. Die Hörnlinge gehören zur Ordnung der Gallertpilze und haben mit den Korallenpilzen überhaupt nichts zu tun.

332 Dreifarbige Koralle ✝

Ramaria formosa

Fruchtkörper: korallenartig verzweigt, 8–12 cm breit, Strunk 2–3 cm dick; jung weiß, später fleischfarben; Äste aufrecht, jung satt ockergelb, später ocker verblassend, mit zahlreichen, ziemlich kurzen, stumpfen und lange gelb bleibenden, alt ebenfalls verblassenden Zweigspitzen. **Fleisch:** weiß, etwas rötend; geruchlos und leicht bitterer Geschmack. **Vorkommen:** meist in großen Gruppen oder Kreisen, in Laub- und Mischwäldern; ziemlich häufig.

Der Genuß der giftigen Dreifarbigen Koralle verursacht nicht selten Magen-Darmbeschwerden.

Ähnliche Arten: Die Gelbe Koralle *(Ramaria flava)* unterscheidet sich durch einheitlich ockergelbe Farben und wächst ebenfalls in Laubwäldern.

329

links
330
rechts
331

332

333 Hahnenkamm G V

Ramaria botrytis

Fruchtkörper: besteht aus einem dicken, fast knolligen, weißen oder blaßgelblichen und nach unten zugespitzten Strunk; mit mehreren dicken, nach außen gebogenen und dicht zusammengedrängten Ästen; am Ende mit kurzen, rötlich gefärbten Zweigen; bis 12 cm breit und ebenso hoch. **Fleisch:** weiß; ziemlich weich, jung saftig; geruchlos und etwas bitterer Geschmack. **Vorkommen:** einzeln oder gruppenweise in Laub- und Mischwäldern, vor allem unter Buchen; ziemlich selten und sollte deshalb geschont werden.

Ähnliche Arten: Ausgeblaßte Fruchtkörper verlieren die rote Farbe an den Zweigenden und können dann leicht mit der Bauchwehkoralle verwechselt werden.

334 Bauchwehkoralle †

Ramaria pallida

Fruchtkörper: korallenartig verzweigt mit schwachem und kurzem Strunk; jung cremegelb, bald schmutzig grauokker, mit langen, aufrechten, etwas runzeligen Ästen und kurzen, jung an der Spitze blaßlila gefärbten Zweigen; bis 15 cm hoch und ebenso breit. **Fleisch:** weiß; mit schwachem seifenartigem Geruch und leicht bitterem Geschmack. **Vorkommen:** vorwiegend in Laubwäldern unter Buchen, seltener in Fichten- und Kiefernwäldern, meist im Bergland; ziemlich selten. Der Pilz ist nicht gefährlich giftig, wirkt aber schon in geringen Mengen genossen stark abführend und ist daher ungenießbar.

Ähnliche Arten: Neben ausgeblaßten Formen des Hahnenkamms können auch alte Fruchtkörper der ebenfalls giftigen Schönen – oder Dreifarbigen Koralle einer Bauchwehkoralle täuschend ähnlich sehen. In Buchenwäldern wächst die mehr gelbocker gefärbte Gelbe Koralle *(Ramaria flava)*, die niemals lila gefärbte Zweigspitzen besitzt.

335 Graue Koralle ○

Clavulina cinerea

Fruchtkörper: mit schmächtigem, kurz-knolligem Strunk und dicken, nur gegen das Ende verzweigten, meist verbogenen Ästen; schmutzig grauviolett, alt mehr aschgrau; 3–10 cm hoch und breit. **Fleisch:** schmutzig grauweiß; brüchig, geruch- und geschmacklos. **Vorkommen:** in Laub- und Nadelwäldern, vorwiegend in höheren Lagen; ziemlich häufig.

Ähnliche Arten: Die Runzelige Koralle *(Clavaria rugosa)* ist noch kleiner, blaß grauweißlich und wächst scharenweise in Fichtenwäldern. Die schlanken, längsrunzeligen Fruchtkörper sind oft der Länge nach verdreht und an der Spitze in kurze, abgerundete Zweige aufgespalten, seltener auch ungeteilt.

333

334

335

336 Weißliche Borstenkoralle ○ ▽

Pterula multifida

Fruchtkörper: vom Grund her mehrfach geteilt, in schmale, zugespitzte Zweige auslaufend, ohne Strunk; meist schräg stehend oder niederliegend; jung weißgrau, später schmutzig grau-ockerlich; bis zu 20 cm breite Rasen bildend. **Fleisch:** stark und ausgesprochen unangenehm knoblauchartig riechend. **Vorkommen:** meist große, bürstenförmige Rasen bildend, in Nadelwäldern zwischen Moos und Nadelstreu; im allgemeinen ziemlich selten und sollte geschont werden.

337 Kammkoralle ○

Clavulina coralloides

Fruchtkörper: mit ziemlich kleinem, weißlichem und fein bereiftem Strunk, mit zunächst weißen, später blaß bräunlichen, am Ende flachgedrückten, gelegentlich auch lang ausgezogenen Ästen mit kurzen Zweigspitzen; bis 4 cm hoch. **Fleisch:** weiß; etwas faserig, milder Geschmack. **Vorkommen:** meist in großen Scharen und nicht selten zusammenhängende Rasen bildend, in Laub- und Nadelwäldern; häufig.

338 Erdwarzenpilz ○

Thelephora terrestris

Hut: trichterförmig, oft mehrere Hüte dachziegelartig übereinanderstehend und gleichmäßig in den Stiel verschmälert; grob filzig-haarig und jung am Rand weiß, später unregelmäßig lappig verbogen, nicht gezont, dunkel rostbraun, alt auch graubraun bis fast schwarz; bis 4 cm breit. **Fruchtschicht:** dunkel graubraun; grob höckerig-warzig und etwas strahlenartig runzelig, jung fein bereift. **Stiel:** dunkel braunschwarz; kurz. **Fleisch:** graubraun, alt schwärzend; bald sehr zäh, lederartig biegsam. **Vorkommen:** meist scharenweise auf feuchten und moosigen Waldböden, gelegentlich an liegenden Zweigen und Ästen emporwachsend; sehr häufig.

Ähnliche Arten: Die Blumenartige Lederkoralle *(Thelephora anthocephala)* hat einen in fransige, rostbraune, gegen den Rand weißliche Lappen aufgespaltenen Hut und wächst gelegentlich in feuchten Laubwäldern. Die Familie der Erdwarzenpilze umfaßt nur wenige Arten und gehört verwandtschaftlich in die unmittelbare Nähe der Korallenpilze. Alle Arten haben zäh-lederiges und teilweise recht unangenehm riechendes Fleisch.

339 Stinkende Lederkoralle ○

Thelephora palmata

Fruchtkörper: mehrfach korallenartig verzweigt mit abgeflachten, am Ende eingeschnittenen Zweigen; ganz jung fast weiß, bald dunkel schwarzbraun, schmutzig lilabraun überhaucht, Zweigenden weißlich bleibend; bis 6 cm breit und ebenso hoch. **Fleisch:** schwarzbraun; sehr zäh und fest, stark und unangenehm nach Knoblauch riechend. **Vorkommen:** meist gruppenweise in Nadelwäldern zwischen Moos und Nadelstreu; ziemlich häufig.

336

links
337

rechts
338

339

340 Krause Glucke G

Sparassis crispa

Fruchtkörper: rundlich, in der Form einem Blumenkohl ähnlich, mit derbem, einem harten unterirdischen Kern entspringendem, sich mehrfach verzweigendem und in zahlreiche dicke und weit ausgezogene, wellig verbogene Endlappen auslaufendem Strunk; jung fast weiß, alt blaß gelb- oder rötlichbraun; bis über 30 cm breit und bis 5 kg schwer. **Fleisch:** weiß; ziemlich weich und brüchig, mit angenehm würzigem Geruch und mildem Geschmack. **Vorkommen:** in Kiefernwäldern, am Grund alter Kiefern, den dicken Hauptwurzeln aufsitzend; nicht zu tief abgeschnittene Fruchtkörper können viele Jahre lang an der gleichen Stelle nachwachsen; nicht selten.

341 Tannenglucke G ▽

Sparassis brevipes

Fruchtkörper: in Farbe und Größe wie die Krause Glucke, aber mit dünneren, breiter ausgezogenen und wellig verbogenen Zweigenden; jung weiß, später cremefarben. **Fleisch:** weiß; milder Geschmack und geruchlos. **Vorkommen:** am Grund alter Weißtannen, mit einem harten Kern den Wurzeln aufsitzend, sehr selten und sollte deshalb geschont werden.

Ähnliche Arten: Eine unter alten Eichen wachsende Form wurde früher als eigene Art (Eichenglucke) betrachtet. Sie läßt sich jedoch von der Tannenglucke nicht unterscheiden.

342 Eiskoralle ○ ▽

Hericium flagellum

Fruchtkörper: korallenartig verzweigt, mit waagrecht abstehenden, in kurze Zweige aufgespaltenen Ästen, am Ende Büschel langer, zugespitzter und nach unten gerichteter Stacheln; lange reinweiß, erst ganz alt etwas cremefarben oder bräunlich und wochenlang frisch bleibend; bis zu 30 cm breit und mehrere Kilo schwer. **Vorkommen:** an dicken, toten Stämmen der Weißtanne, fast nur in Berglagen; ziemlich selten und sollte deshalb geschont werden.

343 Buchen-Stachelbart ○ ▽

Hericium coralloides

Fruchtkörper: korallenartig verzweigt mit geteilten Ästen, Zweigenden schlank, waagrecht abstehend und mit kammartig in einer Reihe stehenden, nach unten gerichteten Stacheln besetzt; jung weiß, später cremefarben; bis 30 cm breit. **Vorkommen:** an toten, stark vermoderten und entrindeten, liegenden oder noch stehenden Stämmen der Rotbuche, meist an feuchten Stellen; ziemlich selten und sollte deshalb geschont werden.

Ähnliche Arten: Der Igel-Stachelbart *(Hericium erinaceum)* wächst an lebenden Buchen und Eichen. Der reinweiße Pilz ist an den zu einem knollenförmigen Hut verwachsenen, dicken Ästen und den dicht stehenden, langen, weißen Stacheln zu erkennen. Er gilt ebenfalls als selten.

340

links
341

rechts
342

343

344 Herkuleskeule ○

Clavariadelphus pistillaris

Fruchtkörper: derb keulenförmig; gelegentlich auch schlank oder gabelig verzweigt; jung ockergelb und ziemlich fest, später schmutzigocker, leicht lilagrau getönt und runzelig, schwammig weich; bis 15 cm hoch und 5 cm dick. **Fleisch:** weiß; ziemlich bitterer Geschmack. **Vorkommen:** oft in großen Gruppen in Laubwäldern, meist unter Buchen; gebietsweise häufig.

Ähnliche Arten: Die Gestutzte Keule *(Clavariadelphus truncatus)* mit flach abgestutztem Fruchtkörper und mildem Fleisch wächst vorwiegend in Nadelwäldern, besonders bei Weißtannen. Sie kann sowohl in der Farbe als auch im Aussehen dem Schweinsohr recht ähnlich sein.

345 Zungenkeule ○

Clavariadelphus ligula

Fruchtkörper: keulig, oft flachgedrückt und alt nicht selten runzelig, innen hohl; jung hell rötlich-gelb, später schmutzig fleischocker, am Grund meist weißfaserig; bis 5 cm hoch. **Fleisch:** weiß, selten rötend; geruchlos und milder Geschmack. **Vorkommen:** mitunter in riesigen Mengen, vorwiegend in Nadelwäldern des Berglandes, gelegentlich am Grund miteinander verwachsen; ziemlich selten.

346 Binsenkeule ○

Macrotyphula filiformis

Fruchtkörper: sehr dünn und schlank; meist ungeteilt, gelegentlich am Grund mit verkümmerten Zweigen; glatt und innen hohl; ockergelblich bis blaß fleischbräunlich, am Grund etwas faserig-filzig; bis 5 cm hoch, aber nur 1–2 mm dick. **Fleisch:** weiß; milder Geschmack und geruchlos. **Vorkommen:** scharenweise im Spätherbst auf alten Buchen- und Eichenblättern, leicht zu übersehen; nicht selten.

Ähnliche Arten: Die Röhrige Keule *(Macrotyphula fistulosa)* wächst ebenfalls im Spätherbst auf abgefallenem Laub, wird aber viel größer, bis 20 cm hoch und etwa 4 mm breit. Der meist einzeln wachsende Pilz ist ziemlich selten.

347 Schweinsohr G ▽

Gomphus clavatus

Hut: abgestutzt kreiselförmig oder mit hochstehendem Rand; jung blaßlila, bald schmutzig lilagrau bis olivokker, an der Außenseite mit runzeligen, unregelmäßig gegabelten, fleischlila gefärbten Leisten; bis 6 cm breit. **Stiel:** okker- bis lilagrau; gegen den Grund zuspitzend, allmählich in den Hut übergehend. **Fleisch:** weiß; weich, geruchlos und milder Geschmack. **Vorkommen:** meist büschelig verwachsen und Hexenringe bildend in Bergnadelwäldern; in tiefen Lagen sehr selten und sollte geschont werden.

Aufgrund seiner großen Ähnlichkeit mit den Keulenpilzen, vor allem der Herkuleskeule, wird das Schweinsohr nicht mehr zu den Leistenpilzen, sondern in eine eigene Familie gestellt, die als nächst verwandt zu den Korallenpilzen gesehen wird.

344

links
345

rechts
346

347

348 Pfifferling, Reherl, Eierschwamm S

Cantharellus cibarius

Hut: jung konvex, bald trichterförmig mit unregelmäßig verbogenem Rand; satt dottergelb; bis 6 cm breit. **Leisten:** unregelmäßig gabelig verzweigt, oft queraderig miteinander verbunden, weit am Stiel herablaufend. **Stiel:** wie der Hut gefärbt; meist zuspitzend und in den Hut übergehend. **Fleisch:** weiß; mit ziemlich scharfem Geschmack und angenehmem Geruch. **Vorkommen:** vorwiegend in saueren Nadelwäldern und höheren Lagen; im Tiefland seltener und vermutlich durch übermäßiges Sammeln zurückgehend. **Verwertung:** eignet sich für alle Frischgerichte, ist aber sehr schwer verdaulich; kein Trockenpilz.
Ähnliche Arten: Eine etwas größere und blassere Abart findet man in Laubwäldern. Im Gebirge kommt eine weitere Form mit amethystvioletten Schüppchen auf dem Hut vor.

349 Falscher Pfifferling ○

Hygrophoropsis aurantiaca

Hut: jung flach mit eingerolltem Rand, auffallend kreisrund, später trichterförmig; jung leuchtend orangegelb, feinsamtig, alt verblassend; bis 6 cm breit. **Lamellen:** leuchtend orange; leistenartig, ziemlich schmal und dick, mit stumpfer Schneide, gabelig verzweigt. **Stiel:** wie der Hut gefärbt; gleich dick oder zuspitzend, feinsamtig. **Fleisch:** orange; milder Geschmack und geruchlos. **Vorkommen:** in Nadelwäldern auch auf Stümpfen; häufig.
Der Pilz soll nach Genuß gelegentlich schon Magen-Darmbeschwerden ausgelöst haben; er gilt aber allgemein nicht als giftig.

350 Totentrompete G

Craterellus cornucopioides

Hut: trompetenförmig, jung eingerollt, tief trichterförmig mit bis zum Stielgrund durchgehender Öffnung; dunkel graubraun bis fast schwarz und etwas schuppig, Fruchtschicht jung auf der Außenseite grau und glatt, alt auch etwas aderigrunzelig; bis 4 cm breit. **Stiel:** schwarzgrau; hohl. **Fleisch:** schwarz; ziemlich zäh, mit erdartigem Geruch. **Vorkommen:** oft dichtbüschelig in Buchenwäldern; häufig.
Junge Fruchtkörper sind genießbar; getrocknet und zu Pulver zerrieben ergeben sie eine ausgezeichnete Würze.

351 Trompetenpfifferling G

Cantharellus tubaeformis

Hut: trompetenförmig und tief genabelt, mit lang eingebogenem Rand; dunkel graubraun bis schwarzgrau und etwas schuppig; bis 5 cm breit. **Leisten:** jung oft schön gelb, später schmutzig gelb- oder weißgrau; schmal und dick, weit entfernt stehend, gabelig verzweigt, am Stiel herablaufend. **Stiel:** jung oft schön gelb, alt schmutzig graugelb; gegen den Grund etwas zuspitzend. **Fleisch:** gelblichgrau; milder Geschmack und geruchlos. **Vorkommen:** meist scharenweise in Nadelwäldern an feuchten Stellen; sehr häufig.
Ähnliche Arten: Die Gelbe Kantharelle *(Cantharellus xanthopus)* mit leuchtend orangefarbiger Hutunterseite wächst in feuchten Gebirgswäldern.

348

links
349

rechts
350

351

352 Habichtspilz [G]

Sarcodon imbricatus

Hut: jung flach konvex, später gewölbt mit etwas vertiefter Mitte und oft gelapptem Rand; graubraun bis graurötlich und mit grobscholligen, an das Gefieder eines Habichts erinnernden Schuppen bedeckt; dickfleischig; bis 15 cm breit. **Stacheln:** weiß; etwas zuspitzend, 6–12 mm lang, gegen den Rand kürzer; leicht abbrechend und am Stiel herablaufend. **Stiel:** schmutzig weißgrau; sehr hart und fest, auffallend kurz. **Fleisch:** schmutzigweiß; fest, mit würzigem Geruch und ziemlich scharfem bis bitterem Geschmack. **Vorkommen:** meist reihenweise in Nadelwäldern, seltener im Laubwald; häufig.

Der Habichtspilz schmeckt frisch zubereitet sehr scharf, er gibt aber getrocknet und zu Pulver zerrieben eine ausgezeichnete Würze.

Ähnliche Arten: Es gibt mehrere nahe verwandte Stachelpilze, die durchwegs recht selten sind. Sie besitzen aber einen nur wenig schuppigen oder glatten Hut und können deshalb kaum zu Verwechslungen führen. Diese Arten sind ziemlich zäh, teilweise sehr bitter und ausnahmslos ungenießbar.

353 Semmelstoppelpilz [G]

Hydnum repandum

Hut: konvex, dickfleischig, meist unregelmäßig verbogen, mit jung eingerolltem Rand; semmelfarben bis hell orangebraun; bis 15 cm breit, aber meist viel kleiner. **Stacheln:** weiß, später blaß cremefarben; zuspitzend, oft etwas am Stiel herablaufend. **Stiel:** cremeweiß; meist seitlich dem Hut ansitzend, ziemlich kräftig und am Grund manchmal verdickt. **Fleisch:** weiß oder blaßgelb; geruchlos und jung milder Geschmack, alt aber bitter. **Vorkommen:** in Laub- und Nadelwäldern; ziemlich häufig.

Ähnliche Arten: Der Rötende Stoppelpilz *(Hydnum rufescens)* hat eine dunklere, mehr rotbraune Hutfarbe, regelmäßigere Form und einen schlankeren Stiel. Er wächst vor allem in Bergnadelwäldern und wird oft nur als Varietät des Semmelstoppelpilzes gewertet.

354 Blutender Korkstacheling ○ ▽

Hydnellum peckii

Hut: jung keulig oder kreiselförmig, später etwas trichterförmig und schwach kreisförmig gezont; jung weiß, feinfilzig und mit blutroten Wassertropfen, alt rost- bis graubraun verfärbend mit lange hellem Rand, sehr hart; bis 6 cm breit. **Stacheln:** jung weiß, später schmutzig bräunlich und hart. **Stiel:** kurz, sehr zäh und fest, jung feinfilzig und unregelmäßig geformt. **Fleisch:** jung schwammig-weich und bei Druck reichlich einen blutroten, wässerigen Saft ausscheidend, später schmutzig fleischbraun; holzartig und sehr zäh. **Vorkommen:** meist gruppenweise in Nadelwäldern, vor allem im Bergland; ziemlich selten und sollte geschont werden.

Ähnliche Arten: Es gibt etliche ähnliche Korkstachelinge. Sie haben blaue, schwarze oder braune Farben und werden im Alter ebenfalls sehr zäh, besitzen aber keinen roten Saft. Der Filzporling sieht einem Korkstacheling ähnlich, hat aber Poren auf der Hutunterseite.

352

353

354

355 Flaschenstäubling G

Lycoperdon perlatum

Fruchtkörper: verkehrt flaschenförmig mit kugeligem Oberteil und ausgezogenem, am Grund etwas faltigem Stiel; jung weiß und mit groben, abwischbaren Warzen besetzt, später graubraun verfärbend; bis 5 cm hoch und 3 cm breit. Reife Fruchtkörper verlieren die Warzen an der Oberfläche und öffnen sich an der Spitze, wodurch das olivbraune Sporenpulver freigegeben wird. **Fruchtmasse:** im Inneren des Pilzes jung reinweiß und watteartig weich; später zuerst gelblich, dann oliv verfärbend und zu Sporenstaub zerfallend; jung mit rettichartigem Geruch und mildem Geschmack. **Vorkommen:** in Laub- und Nadelwäldern auf dem Waldboden; überall sehr häufig.

Alle Stäublinge mit reinweißer Fruchtmasse sind im Jugendstadium eßbar. Die Stäublinge, im Volksmund auch »Boviste« genannt, werden zur Ordnung der Bauchpilze gerechnet. Ihre Sporen reifen nicht wie bei den meisten anderen Pilzarten auf einer äußerlichen Fruchtschicht, sondern im Inneren des Fruchtkörpers. Erst wenn die Sporen voll entwickelt sind, öffnet sich die Außenhaut und gibt sie an die Umgebung frei. Zu den Bauchpilzen gehören neben den Stäublingen und Bovisten auch die Erdsterne, Teuerlinge und die sogenannten »Pilzblumen« wie Stinkmorchel und Tintenfischpilz.

Ähnliche Arten: Verwechslungsgefahr mit beiden giftigen Fliegenpilzarten in jungem Zustand, die sich im Schnitt durch eine gelbe oder rote Linie am Hutrand vom Flaschenstäubling unterscheiden.

356 Birnenstäubling G

Lycoperdon pyriforme

Fruchtkörper: birnenförmig mit kugeligem Kopfteil, allmählich in den Stielteil übergehend, nicht selten auch ohne deutlichen Stiel; jung blaß grau- oder gelbbraun, niemals reinweiß, mit feinen, dunklen Warzen bedeckt, alt kahl und dunkelbraun; bis 4 cm breit und ebenso hoch. **Fruchtmasse:** jung reinweiß, von dem weißbleibenden, unfruchtbaren Stielfleisch deutlich abgegrenzt, später gelboliv und alt watteartig mit an der Spitze austretendem Sporenstaub. **Vorkommen:** gruppenweise an Stümpfen, Holzresten oder Zapfen; überall sehr häufig.

Ähnliche Arten: Auf Wiesen wächst der meist deutlicher gestielte, jung bleigraue, dann bräunende Heidestäubling *(Lycoperdon spadiceum)*. Eine Reihe weiterer ähnlicher Arten auf Wiesen ist nur schwer zu unterscheiden.

357 Brauner Stäubling ○

Lycoperdon umbrinum

Fruchtkörper: kugelig oder eiförmig; rußgrau und dicht mit kleinen, umbrabraunen, abwischbaren Warzen besetzt; bis 3 cm breit und 4 cm hoch. **Fruchtmasse:** jung reinweiß, vom unfruchtbaren Stielfleisch deutlich abgegrenzt, watteartig weich, später oliv- oder purpurbraun verfärbend, zu an der Spitze austretendem Staub zerfallend. **Vorkommen:** oft scharenweise in Nadelwäldern, leicht zu übersehen; nicht selten.

Ähnliche Arten: Der Weiche Stäubling *(Lycoperdon molle)* ist heller grau- bis milchkaffeebraun und etwas größer.

355

356

357

358 Hasenstäubling G

Calvatia utriformis

Fruchtkörper: birnenförmig bis verkehrt-kegelig, mit kräftigem, am Grund verschmälertem und wurzelndem Stielteil; jung reinweiß und grobwarzig, alt grau oder bräunlich flekkend, nach Abfallen der Warzen eckig-felderig und im oberen Teil zerfallend; bis 15 cm hoch und 10 cm breit. **Fruchtmasse:** jung weiß, später olivbraun, im reifen Zustand braunschwarz und zu Staub zerfallend; vom unfruchtbaren Stielfleisch abgegrenzt. **Vorkommen:** auf gedüngten Wiesen, an Waldrändern, niemals in Wäldern; ziemlich selten.

Ähnliche Arten: Der Riesenbovist *(Langermannia gigantea)* wächst an ähnlichen Orten. Die kugeligen, nicht in Hut- und Stielteil gegliederten Fruchtkörper werden bis zu 50 cm breit. Ist frisch in Scheiben geschnitten und gebraten schmackhaft.

359 Flockenstäubling ○

Lycoperdon mammiforme

Fruchtkörper: kugel- bis birnenförmig; jung reinweiß, mit feinkörniger Innenhaut und einer sich in bald abfallende Flocken auflösenden Außenhaut, später ockerlich, alt schokoladenbraun; bis 6 cm breit. **Fruchtmasse:** jung weiß und watteartig weich, bei der Reife in eine umbrabraune, an der Spitze austretende, staubartige Sporenmasse zerfallend. **Vorkommen:** in Buchenwäldern auf Kalkböden, gilt als sehr selten.

Der Pilz sollte als Seltenheit nicht für Speisezwecke gesammelt werden.

360 Beutelstäubling G

Calvatia excipuliformis

Fruchtkörper: keulen- bis verkehrt flaschenförmig, am Grund meist etwas verdickt und mit fast kugeligem, sich bei Reife völlig auflösendem, die oliv- bis umbrabraune Sporenmasse freigebendem Kopfteil; jung im Durchschnitt weiß, später hell graubräunlich, im deutlich abgegrenzten Stielfleisch alt hell gelbbraun; gleichmäßig spitzwarzig, unterhalb des Kopfteils oft etwas faltig; bis 12 cm hoch und 4–8 cm breit. **Vorkommen:** einzeln oder gruppenweise vorwiegend in Nadelwäldern, gelegentlich auch in Laubwäldern und auf Wiesen; weit verbreitet, aber viel seltener als der Flaschen- oder Birnenstäubling.

Der Beutelstäubling wurde von dem bayerischen Pilzforscher Johann Christian Schaffer 1763 zum ersten Mal beschrieben.

361 Igelstäubling ○

Lycoperdon echinatum

Fruchtkörper: kugelig, etwas flachgedrückt; dunkelbraun und dicht mit lang zugespitzten Warzen bedeckt, die später von der Mitte her abfallen und die grauschwarze, felderige Innenhülle sichtbar werden lassen; bis 4 cm breit und etwa so hoch. **Fruchtmasse:** jung weiß, später schmutzig purpurbraun und zu Staub zerfallend. **Vorkommen:** in Laubwäldern, vor allem unter Buchen, meist zwischen Laub und daher leicht zu übersehen; ziemlich häufig.

358

links
359

rechts
360

361

362 Kartoffelbovist ✝

Scleroderma citrinum

Fruchtkörper: knollig-keulig oder kugelig, in Form und Gewicht einer Kartoffel ähnlich; mit hell gelbbrauner, grob felderig-warziger und sehr dicker, fester Außenhaut, am Grund mit dicken, wurzelartigen Fasern; bis 10 cm breit. **Fruchtmasse:** innerhalb der dicken, weißen Außenschicht jung purpurgrau gesprenkelt (nicht weiß!), bald tief purpur- bis olivschwarz und watteartig-flockig zerfallend, aber stets weiß marmoriert. **Vorkommen:** in Nadelwäldern und Mooren, nur auf kalkfreien Böden; gebietsweise sehr häufig. Der Genuß größerer Mengen des schwach giftigen Pilzes verursacht Ohnmachtsanfälle und sehr heftige Magen-Darmbeschwerden. Er wird gelegentlich als Fälschung getrockneten Trüffeln beigemischt!
Ähnliche Arten: Der ungenießbare Dünnschalige Kartoffelbovist *(Scleroderma verrucosum)* ist weicher, leichter und besitzt am Grund auffallend viele wurzelartig verflochtene, gelblichweiße Stränge des Pilzgeflechts. Er ist etwas seltener.

363 Gelbbraune Wurzeltrüffel ○

Rhizopogon obtextus

Fruchtkörper: knollenförmig, meist halb unterirdisch und dicht mit lockeren, wurzelartigen Fäden übersponnen; jung gelblichweiß und etwas flockig, später gelbbraun bis helloliv; bis 6 cm breit. **Fruchtmasse:** unter einer ziemlich zähen, korkigen Außenschicht jung gelblichweiß, später gelblich und reif oliv; in kleine, unregelmäßig gekrümmte Kammern zerteilt, deren weiße Wände bei der Fruchtreife deutlich sichtbar werden. **Vorkommen:** meist halb im Boden vergraben in sandigen Kiefernwäldern; ziemlich selten.
Die Gelbbraune Wurzeltrüffel gehört ebenso wie die Rötliche Wurzeltrüffel zu den Bauchpilzen. Die Wurzeltrüffeln sind damit trotz ihres halb unterirdischen Wachstums und der äußeren Ähnlichkeit mit den Echten Trüffeln in keiner Weise verwandt. Die Echten Trüffeln, von denen vor allem die sehr seltene Mäandertrüffel *(Choiromyces maeandriformis)* und die in warmen Gegenden Mitteleuropas und im Mittelmeergebiet beheimatete Wintertrüffel *(Tuber brumale)* als Delikatessen bekannt sind, gehören zu den Schlauchpilzen und damit in den Verwandtschaftskreis der Morcheln und Becherlinge.

364 Rötliche Wurzeltrüffel ○

Rhizopogon roseolus

Fruchtkörper: knollenförmig bis kugelig; jung weißlich, später schmutzig braunrot marmoriert, bei Berührung rot anlaufend, oft mit bräunlichen, wurzelartigen Fasern übersponnen; bis 5 cm breit, meist aber ziemlich klein. **Fruchtmasse:** jung weißlich und im Anschnitt langsam rötend, später gelbbraun bis rötlichbraun, alt schmutzigoliv und zerfallend unter der ziemlich dicken und festen Außenhülle in kleine Kammern gegliedert. **Vorkommen:** auf nackten Böden, in Kiefernwäldern, aber auch zwischen Schotter in Flußauen oder auf Waldstraßen, meist ganz oberirdisch; ziemlich häufig.

362

363

364

365 Rötender Erdstern ○

Geastrum rufescens

Fruchtkörper: jung halb unterirdisch und von der kugeligen Außenhülle umschlossen, die sich später nach außen umrollt und dadurch den Innenteil emporhebt. Die bis 10 cm Durchmesser erreichende, langsam rötlich anlaufende Außenhülle breitet sich dabei flach aus und reißt vom Rand her in 7 bis 10 regelmäßig sternförmige Lappen ein. Der Innenteil ist kugelig oder etwas flachgedrückt, stiellos oder mit sehr kurzem Stiel der Außenhülle aufgesetzt; hellgrau und mit einer kleinen, zugespitzten und gezähnten Öffnung versehen, die das reife Sporenpulver austreten läßt. **Vorkommen:** in Laub- und Nadelwäldern, gelegentlich auf Weiden; ziemlich selten; gilt als größter heimischer Erdstern.

Ähnliche Arten: Der in Nadelwäldern wachsende, seltene Halskrausen-Erdstern *(Geastrum triplex)* ist etwas kleiner und besitzt zwischen dem kugelförmigen Innenteil und der Außenhülle eine etwa 3 mm dicke, halskrausenartig um den Fruchtteil liegende Zwischenschicht. In Nadelwäldern wächst der häufige Kleine Nest-Erdstern *(Geastrum coronatum)* mit steil aufgerichteter, meist vierteiliger Außenhülle und einer nur wenig über 1 cm breiten, graublauen Innenhülle, deren spitzkegelige Öffnung von einem kreisförmigen Hof umgeben wird. Seine im Boden steckenden Enden der Außenhülle sind am Rand einer im Boden zurückbleibenden ledederigen Haut festgewachsen.

366 Fransenerdstern ○

Geastrum fimbriatum

Fruchtkörper: aus einem unterirdisch wachsenden, kugelförmigen Gebilde entstehend, dessen Außenhülle sich an der Spitze öffnet und nach unten umrollt. Dabei reißt sie vom Rand her in bis zu 15 dreieckige Lappen ein und bildet ausgebreitet eine typische Sternform. Das Innere des Pilzes wird dabei aus dem Boden emporgehoben. Es besteht aus einer Kugel, die innerhalb der dünnen, biegsamen Innenhülle eine jung weiße, bald schmutzig graubraun verfärbende und stäubende Sporenmasse entwickelt. An der Spitze der Innenhülle befindet sich eine warzige, fransige Öffnung, die den reifen Sporenstaub austreten läßt. Die Außenhülle ist jung weißgrau, 1–2 mm dick, alt nach unten umgerollt und frei auf dem Boden liegend. **Vorkommen:** in kleinen Gruppen in Nadelwäldern, vor allem entlang von Wegen; ziemlich häufig.

Die Erdsterne gehören zu den kuriosesten Geschöpfen der Natur. Von den 20 in Mitteleuropa bekannten Arten gelten die meisten als recht selten. Für Speisezwecke kommen die zähen und im Innern bald zu Sporenpulver zerfallenden Pilze nicht in Betracht; sie sind aber auch nicht giftig.

365

366

367 Gestreifter Teuerling ○

Cyathus striatus

Fruchtkörper: jung verkehrt kegelförmig; dunkel rotbraun mit stark borstiger Außenfläche, lederig-zäh; vor der Reife zunächst mit einer weißen Haut überspannt, nach deren Einreißen die braungrau gestreifte und mit mehreren weißgrauen Sporenbehältern gefüllte Innenseite freigebend; 1–1,5 cm breit. **Vorkommen:** an alten Holzresten, zwischen Laub und auf Waldböden; häufig.

368 Zitzen-Stielbovist ○ ▽

Tulostoma brumale

Fruchtkörper: kugelförmig mit langem Stiel, jung hell strohfarben, später blaß ockerlich; mit feinen Schüppchen, am Stielansatz mit einem scheidenartigen, schmalen, nach unten gerichteten Ring, oben mit spitzer Öffnung, deren Umgebung braunschwarz gefärbt ist; bis 1,2 cm breit. **Stiel:** blaßgrau; etwas schuppig, hohl und am Grund mit kleinem Knöllchen; bis 6 cm lang und 3 mm dick. **Vorkommen:** meist im Herbst und Winter an sonnigen und trockenen Stellen; selten und sollte geschont werden.

369 Wetterstern ○

Astraeus hygrometricus

Fruchtkörper: jung unterirdisch, nach Entfaltung der sternförmigen Außenhülle lose auf dem Boden liegend, weißgrau bis graubraun mit kugelförmigem Innenteil. Bei trockenem Wetter rollt sich die Außenhülle nach oben ein und verdeckt den mit Sporen gefüllten Innenteil, bei Feuchtigkeit quillt sie wieder auf und breitet sich aus. Der Vorgang kann sich über lange Zeit hin laufend wiederholen. **Vorkommen:** meist unter Kiefern; in ganz Mittel- und Südeuropa verbreitet, aber nördlich der Alpen sehr selten.

370 Stinkmorchel ○

Phallus impudicus

Fruchtkörper: jung halb unterirdisch, eiförmig, aus einem harten, weißen Kern bestehend, der von einer dicken, gallertig-durchscheinenden Schicht und einer grauen Außenhaut umgeben ist. Nach dem Aufreißen dieses »Hexeneis« erscheint ein sich rasch streckender weißer, netzig-runzeliger Schaft mit einem glokkenförmigen Hut, an dessen gekammerter Außenfläche sich die schleimig-klebrige, olivgrüne und unangenehm nach Aas riechende Sporenmasse entwickelt. **Vorkommen:** In Laub- und Nadelwäldern; ziemlich häufig; jung als Hexenei eßbar.

371 Tintenfischpilz ○

Clathrus archeri

Fruchtkörper: jung in einer weißgrauen, kugeligen Hülle eingeschlossen, aus der die zunächst an der Spitze verbundenen, später ausgebreiteten, an Fangarme eines Tintenfisches erinnernden Teile des Fruchtkörpers herauswachsen. Die Innenseite ist mit einer olivbraunen, unangenehm nach Aas riechenden Sporenmasse bedeckt. **Vorkommen:** Der in Südostasien beheimatete Pilz wurde vor etwa 40 Jahren in Europa eingeschleppt und wird seither in Buchenwäldern und Parkanlagen beobachtet

links
367

rechts
368

369

links
370

rechts
371

372 Judasohr G

Auricularia auricula-judae
Fruchtkörper: jung schüsselförmig, später unregelmäßig lappig, mit kurzen Stielchen dem Holz ansitzend; mit dunkel graubrauner bis purpurschwarzer, glatter, nervig gefalteter Innen- und körnig rauher, grauer Außenseite; feucht gallertig-weich, trocken stark schrumpfend; knorpelig und sehr leicht; 4–10 cm breit. **Vorkommen:** das ganze Jahr über, besonders im Winter und Frühjahr in Gruppen an toten Holunderästen, seltener auch an anderen Laubholzarten; häufig.

Der stark aufquellende, völlig geschmacklose Pilz wird in der ostasiatischen Küche verwendet und ist bei uns unter der Bezeichnung »chinesische Morchel« bekannt, obwohl er mit Morcheln weder im Aussehen noch im Geschmack vergleichbar und auch in keiner Weise verwandt ist.

373 Gezonter Ohrlappenpilz ○

Auricularia mesenterica
Fruchtkörper: gallertig-weich, etwas lederig, trocken hart und schrumpfend, flach aufgewachsen; meist mit abstehender, hell graubrauner, dunkel gezonter und grob behaarter Hutkante, unterseits grau- bis purpurbraun; etwas faltig gerippt und bereift. **Vorkommen:** mitunter in großen Rasen fast das ganze Jahr über, aber vorwiegend im Spätherbst und Winter an lebenden Laubhölzern und nach deren Absterben noch lange Zeit an Stämmen und Stümpfen weiterwachsend; nicht häufig.

374 Stoppeliger Drüsling ○

Exidia glandulosa
Fruchtkörper: kreisel- bis scheibenförmig oder halbkugelig; völlig schwarz und oben mit jung glatter, später fein netzig-rauher Fruchtschicht; außen dicht mit kleinen, kegelförmigen Warzen besetzt, gegen die Anwachsstelle auch etwas grubig gefaltet; feucht weich gummiartig-gallertig, nach dem Eintrocknen wieder auflebend; bis zu 8 cm breit. **Vorkommen:** vorwiegend im Winter an alten Eichen und Linden, gelegentlich auch an anderen Laubhölzern; ziemlich selten.

375 Kreiseldrüsling ○

Exidia recisa
Fruchtkörper: kreiselförmig, gegen die Ansatzstelle oft faltig-grubig, gallertig-weich; jung gelbbraun, alt dunkel rotbraun, eingetrocknet schwarz; bis 2 cm breit und hoch. **Vorkommen:** oft in größeren Kolonien, vorwiegend im Winter an toten Weidenästen, seltener an anderen Laubhölzern; in Flußauen meist häufig.

376 Warziger Drüsling ○

Exidia plana
Fruchtkörper: jung grau, kugelig oder scheibenförmig, später hirnartig gefaltet; mit fein punktierter Oberfläche, dunkel graubraun bis schwarz werdend; feucht weich mit durchscheinender, gallertiger Substanz, trocken hart, krustig. **Vorkommen:** oft in ausgedehnten Rasen, vorwiegend im Winter und Frühjahr an Laubhölzern, vor allem an der Schnittfläche gelagerter Stämme; häufig.

links
372
rechts
373

374

links
375
rechts
376

377 Goldgelber Zitterling ○

Tremella mesenterica

Fruchtkörper: jung höckerförmig aus der Rinde hervorbrechend, später unregelmäßig hirnartig gefaltet; leuchtend goldgelb, jung auf den Flächen manchmal weiß bestäubt; gallertig-weich und alt zu einer formlosen Masse zerfließend; bis 5 cm breit und ebenso hoch. **Vorkommen:** vorwiegend im Winter an toten Laubholzästen, vor allem in Auwäldern recht häufig.

Ähnliche Arten: Die Riesen-Gallertträne *(Dacrymyces palmatus)* bildet ähnliche, ebenfalls gold- bis orangegelb gefärbte und gallertige Fruchtkörper. Sie wächst nur auf Nadelholz, vor allem in höheren Lagen, ist aber viel seltener.

378 Gallerttrichter G

Tremiscus helvelloides

Fruchtkörper: unregelmäßig spatelig bis einseitig trichterförmig; leuchtend orange und meist rosafarben überhaucht; gallertig-weich; bis 6 cm hoch und meist 2–4 cm breit. **Vorkommen:** meist in großen Gruppen an totem, morschem Holz, auch auf Erde, gerne entlang der Wege in Nadelwäldern; nur im Bergland häufiger.

Der durch sein charakteristisches Aussehen mit keinem anderen Pilz zu verwechselnde Gallerttrichter ist eßbar, besitzt aber keinen Eigengeschmack. Er kann roh wie Ochsenmaulsalat zubereitet werden.

379 Gallertstacheling ○

Pseudohydnum gelatinosum

Hut: einseitig muschelförmig mit seitlichem Stiel; oberseits weiß bis dunkel graubraun und fein warzig; gallertig-weich; bis 5 cm breit. **Stacheln:** reinweiß; gleichmäßig zugespitzt, bis 3 mm lang; gallertig und biegsam. **Fleisch:** jung weiß, später grauend; gallertig, geruch- und geschmacklos. **Vorkommen:** an stark vermoderten Nadelholzstümpfen, meist an feuchten und schattigen Stellen, vor allem in höheren Lagen. Der Pilz gehört trotz der stacheligen Fruchtschicht zu den Gallertpilzen; mit den echten Stachelpilzen hat er nichts zu tun.

380 Gallertträne ○

Dacryomyces stillatus

Fruchtkörper: punktförmig oder unregelmäßig faltig und oft mit den Nachbarfruchtkörpern zusammenfließend; leuchtend goldgelb bis orange; 2–3 mm breit. **Fleisch:** gallertig-weich, stark durchwässert, geruch- und geschmacklos. **Vorkommen:** oft größere Rasen bildend, vorwiegend an der Schnittfläche von Laub- und Nadelholzstümpfen, auch an der Außenseite liegender, entrindeter Stämme; häufig.

Die Gallertträne bildet zwei verschiedene Fruchtkörperformen aus. Die unvollständig entwickelten Konidienstadien sind kugelig mit glatter Oberfläche und erscheinen als kleine, orangegelbe, später zerfließende Punkte. Die voll entwickelte Fruchtform ist etwas größer, oft faltig gefurcht und blasser gelb gefärbt. Oft findet man beide Formen nebeneinander.

377

links
378

rechts
379

380

381 Speisemorchel S

Morchella esculenta

Hut: unregelmäßig kugelig, eiförmig oder kegelig; ockergelb bis honigfarben, seltener dunkel graubraun und auf der Außenseite durch meist unregelmäßig verlaufende, breite und stumpfe Rippen in zahlreiche, rundlich-vieleckige Kammern geteilt, auf deren Innenseite sich die glatte Fruchtschicht befindet; im Innern hohl; bis 6 cm breit und hoch. **Stiel:** weiß; unregelmäßig verbogen, oft eingedrückt, am Grund meist knollig verdickt und etwas faltig gefurcht, hohl, fein flockig oder kahl; bis 6 cm lang und 2–3 cm dick. **Fleisch:** wachsartig weich, geruchlos und milder Geschmack. **Vorkommen:** von März bis Mai gruppenweise in Parkanlagen, Flußauen und Gärten, auch in feuchten Laubwäldern; nicht selten. **Verwertung:** eignet sich für alle Gerichte und zum Trocknen, verfeinert Suppen und Soßen. **Verwechslungsgefahr** mit der sehr giftigen Frühlorchel.

382 Spitzmorchel G

Morchella conica

Hut: schlank kegelförmig mit abgestumpfter Spitze; dunkel grau- bis kastanienbraun, seltener ockergrau; am Rand mit dem Stiel verwachsen, durch senkrecht durchlaufende und unregelmäßige waagrechte, breite und stumpfe Rippen in länglich-rhombische bis fast quadratische Kammern geteilt; bis 6 cm, Riesenformen gelegentlich 50 cm hoch und 3 bis 4 cm breit. **Stiel:** weiß bis blaßocker; dick und unregelmäßig zerdrückt oder verbogen; am Grund etwas runzelig, fein flokkig-schuppig, innen hohl. **Fleisch:** weiß bis blaßocker; biegsam, geruchlos und milder Geschmack. **Vorkommen:** von April bis Juni in Laub- und Nadelwäldern, vor allem auf Rindenhaufen und entlang von Waldstraßen, auch auf alten Brandstellen; ziemlich häufig. **Ähnliche Arten:** Die Spitzmorchel ist recht formenreich und wird von manchen Mykologen in mehrere Arten aufgespalten, die aber wohl nur Standortvarietäten darstellen. Die Hohe Morchel *(Morchella elata)* mit hellerer, rotbrauner Hutfarbe soll mitunter über einen halben Meter hoch werden. Sie wächst in Fichtenwäldern oder an Schuttplätzen und ist selten.

383 Käppchenmorchel G

Mitrophora semilibera

Hut: glocken- oder käppchenförmig, mit etwas überstehendem Rand und abgestumpfter Spitze; ocker, haselbraun, auch rot- bis graubraun und mit senkrecht verlaufenden, stumpfen Rippen; bis 3 cm breit und hoch. **Stiel:** weiß; gleich dick mit etwas knolliger Basis, ziemlich lang, fein kleiig-schuppig; am Grund und an der Spitze oft gefurcht, hohl. **Fleisch:** weiß; wachsartig und brüchig, mit schwachem Geruch und Geschmack. **Vorkommen:** von April bis Mai, scharenweise in feuchten Laubwäldern, Parkanlagen und Flußauen; ziemlich häufig.

Ähnliche Arten: Die Böhmische Verpel *(Ptychoverpa bohemica)* hat einen glockenförmigen, ebenfalls überstehenden und unregelmäßig gerunzelten Hut. Sie wächst zur gleichen Zeit in lichten Laubwäldern und ist äußerst selten.

381

382

383

384 Frühlorchel ✝

Gyromitra esculenta

Hut: kugelig, unregelmäßig lappig bis hirnartig gewunden; dunkel ocker- bis rotbraun; am Stielansatz meist mit umgebogenen und am Stiel festgewachsenen Lappen; 3–8 cm breit und ebenso hoch. **Stiel:** weiß; unregelmäßig, an der Spitze und am Grund meist angeschwollen und oft flachgedrückt; längsfaltig oder grubig, innen hohl und gekammert. **Fleisch:** weiß; brüchig, mit angenehmem Geruch und Geschmack. **Vorkommen:** von April bis Mai scharenweise in sandigen Kiefernwäldern, vor allem im östlichen Europa recht häufig, sonst ziemlich selten; wird im Alpengebiet weitgehend durch die auf der nächsten Seite abgebildete Riesenlorchel ersetzt.

Die Frühlorchel enthält Gyromitrin, ein tödlich wirkendes, kochbeständiges Gift, das ähnliche Wirkung zeigt wie das Knollenblätterpilzgift α-Amanitin. Das Gift dampft nach einiger Zeit ab, so daß getrocknete Lorcheln unschädlich sind. Der Verkauf des Pilzes, der noch in jüngster Zeit als Marktpilz gehandelt und viel in der Konservenindustrie verwendet wurde, ist heute verboten. Vom Genuß der Frühlorchel, die in vielen Pilzbüchern als »Speiselorchel« und abgekocht eßbar bezeichnet wird, muß dringend abgeraten werden!

385 Bischofsmütze ○ ▽

Gyromitra infula

Hut: unregelmäßig faltig, mit zwei, seltener drei oder vier tütenartigen, nach oben gerichteten Ausstülpungen, die die Form einer Mitra vortäuschen; dunkel zimt- oder rotbraun; bis 8 cm breit und hoch. **Stiel:** weiß; gleich dick, häufig flachgedrückt, mit angeschwollener Spitze, am Grund etwas gefaltet und meist verjüngt; jung fest, später hohl und gekammert. **Fleisch:** weiß; biegsam, geruchlos und milder Geschmack. **Vorkommen:** in Nadelwäldern, meist einzeln an Strünken oder um vergrabenes Holz, vorwiegend in höheren Lagen; ziemlich selten.

Die Bischofsmütze gilt zwar als eßbar, sollte aber wegen ihrer Seltenheit geschont werden. Es kann auch nicht völlig ausgeschlossen werden, daß sie das Lorchelgift Gyromitrin enthält. Die Lorcheln wurden früher in der Gattung *Helvella* zusammengefaßt und sind heute aufgrund ihres teilweise recht unterschiedlichen Aussehens, aber auch wegen mikroskopischer Unterschiede in mehrere Gattungen aufgeteilt. Von den nächst verwandten Morcheln unterscheiden sie sich durch eine glatte oder gefaltete, aber niemals gekammerte Fruchtschicht.

384

385

386 Riesenlorchel ○ ▽

Gyromitra gigas

Hut: unregelmäßig wellig-faltig bis hirnartig gewunden, mit am Stielansatz angedrückten oder festgewachsenen Lappen; ocker- bis rotbraun; bis 20 cm hoch und breit. **Stiel:** weiß oder blaßocker; dick und ziemlich kurz, gegen den Grund etwas verschmälert, seltener schwach knollig, faltig gefurcht mit glatter Oberfläche; innen hohl und gekammert. **Fleisch:** weiß; milder Geschmack und geruchlos, wächsern und sehr brüchig. **Vorkommen:** von März bis April in Gebirgsnadelwäldern, an oder um alte Strünke, ziemlich selten und sollte geschont werden.

Die Riesenlorchel ist vermutlich nicht giftig, wegen ihrer großen Ähnlichkeit mit der sehr giftigen Frühlorchel wird vom Verzehr abgeraten.

387 Elastische Lorchel ○

Helvella elastica

Hut: in meist zwei oder drei abstehende, am Rand umgerollte Lappen zerteilt, durch die vertiefte Mitte sattelartig; weißgrau, blaß ockerlich bis graubraun; ziemlich zäh, knorpelig; bis 4 cm breit und ebenso hoch. **Stiel:** weiß oder blaßocker; schlank mit etwas verdicktem Grund, oft verbogen, knorpelig, an der Spitze flachgedrückt und fein flaumig, hohl. **Fleisch:** zäh und geruchlos. **Vorkommen:** vorwiegend an Wegrändern zwischen Gras in Laub- und Nadelwäldern; meist häufig.

388 Grauer Langfüßler ○

Helvella macropus

Hut: jung becherartig, bald breit schüsselförmig verbogen; Fruchtschicht auf der Innenseite graubraun und glatt, außen heller grauweiß und flockig, alt oft etwas einreißend; bis 3 cm breit. **Stiel:** weißgrau und filzig; oft unregelmäßig und flachgedrückt, alt hohl. **Fleisch:** weiß; geschmack- und geruchlos. **Vorkommen:** in kleinen Gruppen auf feuchtem Boden und zwischen Kräutern in Laubwäldern, seltener auch auf morschem Holz; ziemlich häufig.

Ähnliche Arten: Der Schwarze Langfüßler *(Helvella corium)* mit glänzend schwarzer Fruchtschicht wächst im Frühsommer, ist aber viel seltener.

389 Krause Lorchel ○

Helvella crispa

Hut: unregelmäßig geformt, mit 2 bis 3 aufrechten oder abstehenden, oft zusammengefalteten und am Rand gespaltenen, unterseits fein samtigen Lappen; Oberfläche runzelig oder wellig; weißgrau, seltener schmutzig ockergrau bis hell haselbraun; bis 5 cm breit und ebenso hoch. **Stiel:** weiß; meist tief gefurcht oder grubig gerippt, mit scharfen, oft quer miteinander verbundenen Längsrippen; bis 6 cm lang und 4 cm dick. **Fleisch:** weiß; im Hut ziemlich brüchig, im Stiel elastisch und etwas zäh, geschmack- und geruchlos. **Vorkommen:** in Laub- und Mischwäldern, vorwiegend entlang von Waldstraßen, auch zwischen Moos.

386

links
387
rechts
388

389

390 Eselsohr ○

Otidea onotica

Fruchtkörper: einseitig ohrförmig, meist eingerollt und bis zum Grund geschlitzt, etwas wurzelnd und weißfilzig; Fruchtschicht leuchtend orange bis gelb; Außenseite fein mehlig bestäubt; bis 4 cm hoch und 3 cm breit. **Fleisch:** weiß; geruchlos und milder Geschmack. **Vorkommen:** meist in kleinen Gruppen in Laub- und Nadelwäldern; ziemlich selten.
Ähnliche Arten: Es gibt eine Reihe ähnlicher, nur schwer unterscheidbarer Arten. Das Hasenohr *(Otidea leporina)* unterscheidet sich nur durch jung rostgelbe, später zimtbraune Farben. In Buchenwäldern wächst der ziemlich seltene Zitronengelbe Öhrling *(Otidea concinna)* mit leuchtend zitronengelben, einseitig geschlitzten, eingerollten, dichtrasig wachsenden Fruchtkörpern.

391 Kronenbecherling ⊞

Sarcosphaera crassa

Fruchtkörper: jung unterirdisch, eine hohle Kugel bildend, die sich anschließend ausbreitet und dabei von der Spitze her sternförmig einreißt, zuletzt fast flach und bis zu 15 cm breit; Außenseite jung weißlich, später schmutzig ockergrau, innen mit einer glatten, blaßviolett oder schmutzig bräunlich getönten Fruchtschicht. **Fleisch:** weiß; brüchig, geruchlos und milder Geschmack. **Vorkommen:** von Mai bis Juni meist in Gruppen in Nadelwäldern auf Kalkböden, vor allem im Bergland, sonst ziemlich selten.
Der Genuß des giftigen Pilzes löst heftige Magen-Darmbeschwerden aus.

Dieser größte aller heimischen Becherlinge kann mit keinem anderen Pilz verwechselt werden. Alle anderen Becherlingsarten sind viel kleiner. Man findet die gelegentlich sogar nur stecknadelkopfgroßen Pilze zu allen Jahreszeiten, vor allem aber im Spätherbst und Frühjahr, auf feucht liegendem Holz, an Pflanzenresten oder auf Erde. Viele Arten sind lebhaft gelb, orange oder rot gefärbt.

392 Fichtenzapfen-Becherling ○

Rutstroemia bulgarioides

Fruchtkörper: jung schüsselförmig, später flach ausgebreitet; dunkelbraun bis fast schwarz; stets mit einem kurzen Stielchen, das dem an dieser Stelle schwarzgefärbten Zapfenschuppen entspringt; meist 0,3–0,6, selten bis 1,5 cm breit. **Vorkommen:** in dichten Scharen ausschließlich auf feucht liegenden Fichtenzapfen in Bergnadelwäldern, nach der Schneeschmelze gebietsweise überaus häufig.
Ähnliche Arten: Auf abgefallenen, feucht liegenden Zapfenschuppen von Weißtannen findet man im April und Mai den Zapfenschuppen-Becherling *(Ciboria rufofusca)* mit heller rot- bis orangebraunen, jung pokal-, später schüsselförmigen oder flachen, bis 1 cm breiten Fruchtkörpern. Ebenfalls im Frühjahr wächst auf vergrabenen, vorjährigen Erlenkätzchen der langgestielte Erlenkätzchen-Becherling *(Ciboria amentacea)*. Seine jung pokalförmigen, alt flachen Fruchtkörper sind ockerbraun und am Rand fein weiß bewimpert.

390

391

392

393 Gelbmilchender Becherling ○

Peziza succosa

Fruchtkörper: rundlich bis oval, schüssel- oder becherförmig mit meist unregelmäßig verlaufendem Rand, ungestielt; dunkel haselnußbraun mit etwas hellerer, fein kleiiger Außenseite; bis 6, selten bis 10 cm breit. **Fleisch:** ziemlich fest, bei Verletzung einen sofort gelb anlaufenden Saft ausscheidend. **Vorkommen:** meist in kleinen Gruppen, in Laub- und Nadelwäldern, auf nacktem Boden; ziemlich verbreitet. **Ähnliche Arten:** Es gibt zahlreiche Becherlingsarten mit ähnlicher Färbung; die abgebildete Art ist an dem gelb anlaufenden Milchsaft leicht zu erkennen. Die Fruchtschicht der Becherlinge befindet sich auf der Innenseite der Fruchtkörper. Die mikroskopisch kleinen Schläuche platzen bei der Reife auf und geben die Sporen frei. Setzt man die Becherlinge plötzlich der Sonne aus, läßt sich durch den Wärmereiz eine als Staubwolke sichtbare Sporen-»Explosion« auslösen und beobachten.

394 Zinnoberroter Kelchbecherling ○ ▽

Sarcoscypha austriaca

Fruchtkörper: jung pokalförmig mit kurzem Stiel, später breit schüsselförmig mit lang eingerolltem, manchmal schwach gekerbtem Rand; Fruchtschicht im Innern leuchtend zinnoberrot, Außenseite hell ockerlich oder rosa und weißflockig; meist 2–5 cm breit. **Vorkommen:** im Frühjahr nach der Schneeschmelze bis Mai in kleinen Gruppen in feuchten Laubwäldern auf abgefallenen Holzstückchen, vor allem in Flußauen; ziemlich selten und sollte geschont werden. **Ähnliche Arten:** In Form und Größe ähnlich, aber mit einer leuchtend orangefarbenen Fruchtschicht und jung ockergrauer, körniger Außenseite ist der Leuchtende Prachtbecher *(Caloscypha fulgens)*. Er wächst nach der Schneeschmelze in Bergnadelwäldern, selten auch bei Laubbäumen.

395 Orangegelber Wurzelbecherling ○ ▽

Sowerbyella unicolor

Fruchtkörper: jung becherförmig, später flach, mit unregelmäßigem, nach oben oder unten gebogenem Rand; innen leuchtend orangegelb, außen blasser cremefarben und fein kleiig; in der Mitte mit einem lang wurzelnden, weißfilzigen Stiel; bis 4 cm breit. **Vorkommen:** meist in kleinen und dichten Gruppen im Herbst in Nadelwäldern; sehr selten und sollte geschont werden. **Ähnliche Arten:** Der noch seltenere Schwarzwurzelige Wurzelbecherling *(Sowerbyella radiculata)* hat einen dunkel graufaserigen Stiel. Er ist nur mikroskopisch sicher zu unterscheiden. Auf totem Holz von Grünerlen und Hainbuchen wächst der kleinere, nur bis 10 mm breite Gelbe Stromabecherling *(Rutstroemia bolaris)*. Er unterscheidet sich außer durch Größe und Standort auch durch den kürzeren Stiel und das Wachstum im Sommer.

393

394

395

396 Eichel-Stromabecherling ○

Ciboria batschiana

Fruchtkörper: jung tellerförmig, bald flach ausgebreitet und bis 1,5 cm breit; dunkel graubraun; mit glatter Innenseite und meist kurzem, gelegentlich aber auch mehrere Zentimeter langem und tief wurzelndem, verbogenem, schwarzem, glattem und an der Spitze verbreitertem Stiel. **Vorkommen:** mitunter in großen Scharen ausschließlich auf alten Eicheln, die durch den Pilz zu schwarzen Klumpen mumifiziert werden; selten.

Ähnliche Arten: Der Zähe Stromabecherling *(Rutstroemia firma)* ist ähnlich, wächst aber an Eichenholz, meist auf liegenden Ästchen. Im Frühjahr findet man den satt kastanienbraun gefärbten Anemonen-Becherling *(Sclerotinia tuberosa)* mit jung pokalförmigen, später flach ausgebreiteten, bis 2 cm breiten Fruchtkörpern. Er wächst ausschließlich auf dem Wurzelrhizom des Buschwindröschens und ist mit diesem durch einen bis 10 cm langen Stiel verbunden. Das Buschwindröschen stirbt durch den Pilzbefall zwar nicht ab, kommt aber nicht mehr zur Blüte. Es gibt noch mehrere ähnlich gefärbte, langgestielte Arten. Für ihre Bestimmung ist das Substrat, auf dem sie wachsen, von großer Bedeutung.

397 Grünspanbecherling ○

Chlorosplenium aeruginascens

Fruchtkörper: jung kurzgestielt und pokalförmig, bald schüsselartig ausgebreitet, alt auch ganz flach und dann meist unregelmäßig verbogen; innen blaugrün und glatt, außen jung fast weiß, später blaugrün und etwas kleiig-flockig; bis 1,5 cm breit. **Vorkommen:** in Gruppen an stark vermodertem, entrindetem Eichenholz, gelegentlich auch an anderen Laubhölzern; selten. Das Holz wird durch das Geflecht grün gefärbt, so daß sich der Pilz auch dann verrät, wenn er keine Fruchtkörper ausbildet.

Ähnliche Arten: Der Grünspanbecherling wird neuerdings in zwei Arten aufgespalten, die sich sehr ähnlich sehen und nur mikroskopisch unterschieden werden können.

398 Orangebecherling ○

Aleuria aurantia

Fruchtkörper: jung becher- oder schüsselförmig, später auch flach ausgebreitet, unregelmäßig verbogen oder lappig eingerissen; mit leuchtend orangeroter Fruchtschicht auf der Innenseite, außen hell cremerosa und fein kleiig; meist 2–3, selten bis 10 cm breit. **Vorkommen:** oft in großer Zahl und dichtbüschelig verwachsen auf nackten Humusböden, manchmal auch zwischen Schotter auf frisch geschütteten Forstwegen; nicht selten.

Ähnliche Arten: Der Leuchtende Prachtbecher *(Caloscypha fulgens)* hat einen mehr orangegelben Fruchtkörper mit einer jung grauen, später orangefarbenen, fein körnigen Außenseite. Er wächst im Frühjahr in Bergnadelwäldern. Es gibt noch eine Reihe leuchtend orange gefärbter, aber kleinerer Becherlingsarten. Viele davon sind selten und erfordern zur Bestimmung genaue mikroskopische Untersuchungen.

396

397

398

399 Haselbecherling ○

Encoelia furfuracea

Fruchtkörper: jung eine geschlossene, hohle, außen hell zimtbraune und grob kleiigschuppige Kugel bildend; später sternartig aufreißend und flach ausgebreitet, so daß die hell zimt- bis rotbraune und glatte Fruchtschicht sichtbar wird; bis 1,5 cm breit. **Vorkommen:** im Winter aus der Rinde frisch abgestorbener, noch stehender Erlen- und Haselnußstämme hervorbrechend, meist in kleinen und dichten Gruppen, die wochenlang erhalten bleiben und selbst strengen Frost überdauern; gilt als recht selten, wird aber vermutlich oft übersehen.

Ähnliche Arten: Ebenfalls im Winter wächst an Hasel-, Erlen- und Ahornästen der seltene Braunschwarze Rindenbecher *(Ionomidotis fulvotingens)*. Seine dichtbüschelig wachsenden Fruchtkörper sind kleiner und dunkel rotbraun bis fast schwarz gefärbt. Sie sind jung pokalförmig, später flach und unregelmäßig verbogen. Eine weitere, fast schwarze Art aus diesem Verwandtschaftskreis findet man im Frühling an liegenden, aber noch berindeten Pappel- und Eschenästen, und zwar den sehr seltenen Schwarzbraunen Pappelbecherling *(Encoelia fascicularis)*.

400 Violetter Gallertbecherling ○

Ascocoryne cylichnium

Fruchtkörper: gallertig-weich; hell rotviolett bis schmutzig braunlila; in zwei verschiedenen Formen auftretend. Die vollständig entwickelten Fruchtkörper (im Bild links) sind jung tellerförmig, alt gleichmäßig konvex und kreisförmig mit kurzem, zuspitzendem Stielchen, sie bilden auf der Oberfläche geschlechtliche Sporen. Unvollständige Fruchtkörper, die man als Konidienstadium bezeichnet (im Bild rechts), sind unregelmäßig lappig und mit den Nachbarfruchtkörpern zu einer hirnartig gewundenen Masse zusammengewachsen. Die Sporen dieser »Nebenfruchtform« entstehen auf ungeschlechtliche Weise und sind von denen der voll entwickelten Fruchtkörper unterschieden. Nicht selten findet man beide Formen gemeinsam. **Vorkommen:** vor allem im Herbst und Winter an entrindeten Laubhölzern, vielfach auch an der Schnittfläche von Buchenstümpfen; ziemlich häufig.

401 Schmutzbecherling ○

Bulgaria inquinans

Fruchtkörper: jung kegelig mit dunkelbrauner, kleiig-flockiger Außenhaut, später an der Spitze aufbrechend, so daß die schwarze, feucht glänzende Fruchtschicht sichtbar wird. **Fleisch:** bräunlich; gallertigwässerig, eingetrocknet ziemlich hart, lederartig und biegsam. **Vorkommen:** von Oktober bis März meist in Gruppen auf der Rinde abgestorbener Äste und liegender Stämme von Eichen, seltener auch an Edelkastanien, Hainbuchen, Ulmen.

Ähnliche Arten: Der Warzige Drüsling kann ähnlich aussehen. In Zweifelsfällen genügt es, mit dem Finger über die Fruchtschicht zu streichen. Färbt diese schwarz, handelt es sich um den Schmutzbecherling.

399

400

401

402 Zitronengelber Reisigbecherling ○

Bisporella citrina

Fruchtkörper: kreisrund, flach oder leicht tellerförmig, stiellos oder mit sehr kurzem Stielchen; leuchtend zitronengelb; bis 3 mm breit. **Vorkommen:** vom Herbst bis ins Frühjahr oft in großen, zusammenhängenden Rasen auf feucht liegenden, entrindeten Laubhölzern, auch auf der Schnittfläche von Stümpfen; sehr häufig.
Ähnliche Arten: Der Kelchförmige Stengelbecherling *(Hymenoscyphus calyculus)* ist sehr ähnlich, aber etwas größer und bis 4 mm lang gestielt. Er wächst ab Oktober an Holzresten. Die sichere Unterscheidung der beiden Arten erfordert ein Mikroskop, unter dem sich dieser Pilz durch die kommaförmigen Sporen verrät.

403 Scharlachroter Pustelpilz ○

Nectria coccinea

Fruchtkörper: rundlich oder etwas birnenförmig, mit glatter Oberfläche und einer kleinen Warze an der Spitze; winzig, nur bis 0,5 mm breit. **Vorkommen:** auf verschiedenen Laubhölzern, vorwiegend an Ahorn, meist in kleinen Kolonien aus der Rinde hervorbrechend, auf entrindetem Holz auch einzeln wachsend, fast das ganze Jahr über zu beobachten; häufig.
Ähnliche Arten: Noch kleiner ist der einzeln wachsende Orangerote Pustelpilz *(Nectria episphaeria)*. Man findet den nur unter der Lupe erkennbaren Pilz das ganze Jahr über häufig auf der harten, schwarzen Oberfläche verschiedener, an toten Laubhölzern wachsender Krustenpilze. Zahlreiche weitere, zum Teil winzige *Nectria*-Arten interessieren nur den Spezialisten.

404 Zinnoberroter Pustelpilz ○

Nectria cinnabarina

Fruchtkörper: in zwei verschiedenen Formen auftretend: die fruchtbare Form besteht aus einem kleinen, bis 1,5 mm breiten Häufchen winziger, zinnoberroter, an der Spitze mit einer kleinen Warze versehener Kügelchen; die Nebenfruchtform ist größer, hellrosa gefärbt, glatt und bis 2 mm breit. Nicht selten findet man beide Stadien nebeneinander und kann beobachten, wie sich aus der Nebenfruchtform allmählich die fruchtbaren Pilzchen entwickeln. Nebenfruchtformen werden bei zahlreichen einfach gebauten Schlauchpilzen gebildet. Sie sind von den vollständig entwickelten Fruchtkörpern so verschieden, daß man sie sogar als eigene Gattungen beschrieben hat. **Vorkommen:** im Spätherbst und Winter massenhaft an toten, berindeten Laubholzästchen, oft beide Fruchtformen zusammen; sehr häufig.

405 Kohlenbecherling ○

Geopyxis carbonaria

Fruchtkörper: pokalförmig, meist schön regelmäßig kreisrund mit gegen den Rand weißmehliger Außenseite; dunkel rotbraun, mit hellem, weißgezacktem Rand; bis 2 cm breit. **Stiel:** wie der übrige Fruchtkörper gefärbt; schlank, ziemlich tief im Boden eingesenkt. **Vorkommen:** ab April ausschließlich auf Brandstellen, meist scharenweise; nicht häufig.

402

links
403
rechts
404

405

406 Vielgestaltige Holzkeule ○

Xylaria polymorpha

Fruchtkörper: schlank keulig, oft unregelmäßig gebogen und im Kopfteil flachgedrückt; jung dunkel graubraun, später völlig schwarz und mit Ausnahme des kurzen, undeutlichen Stielteils fein warzig punktiert; sehr hart und fest, bis 4 cm hoch, Stielteil bis 0,7 cm, Kopfteil bis etwa 1 cm dick. **Fleisch:** unter der schwarzen, krustigen Außenfläche reinweiß; etwas faserig, geruchlos. **Vorkommen:** meist in kleineren Gruppen das ganze Jahr über am Grund alter, bemooster Buchenstümpfe, gelegentlich auch an anderen Laubhölzern; häufig.

407 Geweihförmige Holzkeule ○

Xylaria hypoxylon

Fruchtkörper: an der Spitze meist geweihartig verzweigt und flachgedrückt, sehr hart und fest, beim Biegen nicht abbrechend; weißlich bestäubt; bis 2 cm hoch. **Stiel:** am Grund schwarz, nach oben zu weißgrau. **Vorkommen:** fast das ganze Jahr über, vorwiegend jedoch im Herbst und Winter an totem Laubholz, meist auf der Schnittfläche von Buchenstümpfen, selten an Nadelholz; sehr häufig.

408 Helmkreisling ○

Cudonia circinnans

Hut: rundlich, flach mit stark eingerolltem Rand, in der Mitte meist vertieft; blaß ockerrötlich; bis 2 cm breit. **Stiel:** wie der Hut gefärbt und gegen den Grund manchmal rötlichbraun oder blaßlila; ziemlich lang, rundlich oder etwas flachgedrückt; bis 3 cm lang und 5 mm dick. **Fleisch:** fest, im Hut etwas knorpelig, geruchlos und milder Geschmack. **Vorkommen:** in dichten Hexenringen in grasigen Bergfichtenwäldern; ziemlich selten.

409 Gelbes Gallertkäppchen ○

Leotia lubrica

Hut: jung kugelig, später unregelmäßig lappig; gelblich-ocker bis hell olivbraun; bis 2 cm breit. **Stiel:** meist hellgelb oder etwas ocker; fein kleiig-flockig. **Fleisch:** durchwässert bräunlich; gallertig-weich, geruch- und geschmacklos. **Vorkommen:** meist in feuchten Wäldern zwischen Moos und Gras, oft scharenweise; nicht selten. **Ähnliche Arten:** Das Schwarzgrüne Gallertkäppchen *(Leotia atrovirens)* ist dunkelgrün bis fast schwarz gefärbt. Es wächst an Waldrändern und unter Laubbäumen, an feuchten Stellen sowie in höheren Lagen, und ist sehr selten.

410 Zungenkernkeule ○

Cordyceps ophioglossoides

Fruchtkörper: keulen- bis zungenförmig; Kopfteil rund oder flachgedrückt und fein warzig; am Grund schmutzig graugelb, sonst dunkel rotbraun bis schwarz; sehr hart und zäh; bis 4 cm hoch. **Vorkommen:** in feuchten Nadelwäldern, ausschließlich auf unterirdisch wachsenden Fruchtkörpern von Hirschtrüffeln schmarotzend und mit diesen durch leuchtend gelbe, wurzelartige Myzelstränge verbunden; gebietsweise recht häufig, aber leicht zu übersehen.

links
406
rechts
407

408

links
409
rechts
410

411 Hexenbutter, Gelbe Lohblüte ○

Fuligo septica

Fruchtkörper: ein zitronengelbes, schleimiges Gebilde ohne bestimmte Form. Im Alter werden die schaumigen Klumpen weißlich, rötlich oder bräunlich und sind mit einer kalkigen Kruste bekleidet. **Vorkommen:** im Sommer und Herbst nach Regen auf Moosen, an Stümpfen und auf altem Laub; überall sehr häufig.

Dieser Pilz gehört ebenso wie der Blutmilchpilz und der Geweihförmige Schleimpilz zu den Schleimpilzen. Diese eigenartigen Lebewesen stehen an der Grenze zwischen Pflanze und Tier. Es handelt sich um eine formlose Protoplasmamasse, die sich sogar über den Boden fortbewegen kann, im Bau einzelligen Tieren, wie Amöben, ähnlich ist, sich bei der Reife aber verfestigt und durch Sporen verbreitet wird.

412 Blutmilchpilz ○

Lycogala epidendrum

Fruchtkörper: leuchtend rote, fein warzige, bis 1,5 cm breite, kugelige Gebilde; jung weich und mit einer zinnoberroten, schleimigen Masse, dem Plasmodium, gefüllt, später graugrün oder braun verfärbend und fest. Bei der Reife löst sich die Haut der Fruchtkörper auf und läßt die Sporen austreten. **Vorkommen:** auf morschen Stümpfen, meist in kleinen Kolonien, vorwiegend im Sommer nach Regenfällen.

Wie alle Schleimpilze ernährt sich auch der Blutmilchpilz von Bakterien, Pilzsporen und verschiedenen Mikroorganismen. Die Holzunterlage wird dabei nicht angegriffen.

413 Mutterkorn †

Claviceps purpurea

Fruchtkörper: purpurschwarze, schlauchähnliche Gebilde, die auf reifen Getreideähren anstelle der Körner erscheinen. Die Sporen des Mutterkorns befallen zur Blütezeit die Fruchtknoten verschiedener Gräser, vor allem Gerstenarten und Roggen. Geraten die krankhaft veränderten Körner ins Getreide, löst der auf diese Weise ins Mehl gelangende Giftstoff des Mutterkorns, das Ergotin, beim Menschen eine lebensgefährliche Krankheit aus, die früher als »Kriebelkrankheit« (Ergotismus) sehr verbreitet war und die zu Störungen des Nervensystems und der Gehirntätigkeit, in schweren Fällen sogar zum Absterben der Finger und Zehen führte. Durch die Saatgutreinigung ist das Mutterkorn seltener geworden. Wer Getreide aus »alternativem« Landbau bezieht und sich sein Mehl selbst mahlt, sollte die damit verbundene Gefahr einer Ergotin-Vergiftung nicht unterschätzen.

414 Geweihförmiger Schleimpilz ○

Ceratiomyxa fruticulosa

Fruchtkörper: sehr kleine, weiße, zarte, geweihförmig verzweigte und weich-schwammige Gebilde, **Vorkommen:** an alten Stümpfen, meist in Holzrissen oder über Moos, kann handtellergroße Flächen bilden; im Sommer nach Regen sehr häufig, aber oft übersehen; einer der häufigsten Schleimpilze.

411

links
412

rechts
413

414

Kleine Pilzkunde

Pilze und ihre Geschichte

Obwohl bereits aus dem antiken Rom über Speise- und Giftpilze berichtet wird, wußte man in den Naturwissenschaften lange Zeit mit den Pilzen nichts Rechtes anzufangen. Man hielt sie für »Ausdünstungen« der feuchten Erde; standen sie doch plötzlich da, ohne daß man beobachten konnte, woraus sie hervorgegangen waren. Sie erzeugten zudem keine Früchte oder Samen und paßten damit überhaupt nicht in das Bild früherer Naturforscher. War es da verwunderlich, daß man sie als »Teufelszeug«, als Werk dunkler Mächte betrachtete? Erst als der italienische Gelehrte Peter Anton Micheli im Jahr 1710 die Pilzsporen, und damit den Schlüssel für das Rätsel der Fortpflanzung bei den Pilzen entdeckte, fanden auch die Pilze mehr Beachtung. Aber selbst der große schwedische Botaniker Carl von Linné, der um 1750 die gesamte damals bekannte Tier- und Pflanzenwelt in ein überschaubares System brachte und viele der heute noch gültigen lateinischen Tier- und Pflanzennamen prägte, konnte mit den Pilzen nicht allzu viel anfangen. Es sollte seinem Landsmann Elias Fries vorbehalten bleiben, als erster Naturkundler tiefer in die Geheimnisse der Pilze einzudringen. Sein 1821 erschienenes Werk »Systema Mycologica« gilt auch heute noch als Basis der Systematik in der Pilzkunde *(Mykologie)*. In den folgenden 150 Jahren hat die Mykologie gewaltige Fortschritte gemacht. Immer mehr Arten wurden erkannt und beschrieben und gleichzeitig neue Methoden zu ihrer Abgrenzung entwickelt. Heute weiß man, daß eine exakte Pilzbestimmung nicht nur den Gebrauch des Mikroskops voraussetzt, sondern in einigen schwierigen Gattungen zusätzlich durch chemische Reaktionstests und sogar Farbstoffuntersuchungen abgesichert werden muß. Dem Laien, der Pilze möglichst einfach anhand von Abbildungen und kurzen Erläuterungstexten kennenlernen will, sind damit Grenzen gesetzt. Aber auch ohne moderne wissenschaftliche Methoden lassen sich viele Pilzarten sicher bestimmen, wenn man die äußerlich erkennbaren Merkmale kritisch und gründlich überprüft.

Was ist ein Pilz?

Was sich im Wald, auf Wiesen, Äckern und sogar in Blumentöpfen an Pilzen findet, ist nur der Fruchtkörper einer verborgen lebenden Pflanze. Die Pilze besitzen im Gegensatz zu den höheren Pflanzen kein Blattgrün *(Chlorophyll)* und können daher selbst keine organischen Substanzen aufbauen. Sie zersetzen tote Pflanzenreste und stellen daraus neue organische Verbindungen her, die wiederum anderen Organismen als Aufbaustoffe dienen. Damit übernehmen die Pilze die Rolle der Abfallbeseitigung im Naturkreislauf. Sie arbeiten nicht nur »umweltfreundlich«, sauber und rückstandsfrei, sondern sorgen auch dafür, daß alles, was in der Natur zunächst ausgedient hat, wieder verwendet werden kann. Pilze sind, wenn man von einigen Bakterien absieht, die einzigen Lebewesen, die totes Holz abbauen können. Selbst der »Holzwurm« besitzt in seinem Verdauungstrakt Pilzkulturen, die ihm das Leben in diesem harten Milieu möglich machen.

Mit dieser genialen Lösung der Abfallverwertung, die der Mensch, angesichts der Probleme, die eine Wegwerfgesellschaft mit sich bringt, nur bestaunen kann, ist aber die Rolle der Pilze im Naturhaushalt längst nicht erschöpft. Viele Pilzarten verbinden sich auch mit dem Wurzelwerk lebender Pflanzen, vor allem der Waldbäume. Sie lösen dabei eine sichtbare Wucherung an den Saugwurzeln aus, die man als *Mykorrhiza* bezeichnet. Dringt das Pilzgeflecht in die Wurzelzellen ein, spricht man von einer *endotrophen* Mykorrhiza. Werden aber die Wurzeln lediglich vom Pilzgeflecht umsponnen, ist die Mykorrhiza *ektotroph*. Der Pilz entnimmt der Baumwurzel Nährstoffe und liefert ihr Wasser und Nährsalze. (Dieses Zusammenleben zu gegenseitigem Nutzen nennt man *Symbiose*.) Die Bildung einer solchen Lebensgemeinschaft ist für viele Pilzarten, zum Beispiel für fast alle **Röhrlinge** und sämtliche **Schleierlinge** lebensnotwendig. Es ist zudem erwiesen, daß Bäume, die ohne Mykorrhiza-Partner aufwachsen, deutlich schlechter gedeihen. In der Natur entstehen diese Bindungen schon bei den Jungpflanzen. Die heimischen Orchideen sind sogar so stark von Pilzen abhängig, daß ohne sie nicht einmal der Same zu keimen vermag.

Wann und wo wachsen die Pilze?

Pilze erscheinen vorwiegend im Spätsommer und Herbst und brauchen ausreichend Feuchtigkeit. Ein einziger Gewitterregen nach längerer Trockenheit reicht allerdings nicht aus, um über Nacht die Fruchtkörper aus dem Boden schießen zu lassen. Zur Bildung des Fruchtkörpers werden je nach Pilzart 2 bis etwa 10 Tage Vorlaufzeit benötigt. Sobald die ersten Fruchtkörper sichtbar werden, geht die weitere Entwicklung, vor allem bei den kleineren Arten, oft innerhalb weniger Stunden vor sich, während die großen **Röhrlinge** in der Regel noch einige Tage brauchen, bis sie ausgewachsen sind. Ausnahmen bilden zum Beispiel die **Wulstlinge,** die nach Zerreißen der Hülle nur noch die Stiele strecken und den Hut öffnen. Bei jung geernteten **Scheidenstreiflingen** läßt sich beobachten, wie sich der Fruchtkörper im warmen Zimmer innerhalb weniger Stunden voll entwickelt.

Bei günstiger Witterung halten sich die Fruchtkörper der festfleischigen Arten viele Wochen, sofern sie nicht von den Maden der zahlreichen Pilzfliegen zerfressen werden. Die harten, konsolenförmigen Fruchtkörper der holzbewohnenden **Porlinge** können viele Jahre alt werden und alljährlich eine neue Fruchtschicht bilden. Wer einmal beobachtet hat, wieviele verschiedene Pilzarten im Laufe einiger Jahre auf einem eng begrenzten Raum erscheinen können, wird darüber hinaus feststellen, daß zu bestimmten Zeiten auch ganz bestimmte Pilze wachsen, während andere Arten zu verschiedenen Zeiten im Jahr auftreten. Wieder andere Arten bleiben jahrelang aus und tauchen dann plötzlich erneut am alten Wuchsort auf. Man wird auch herausfinden, daß es in verschiedenen Gegenden unterschiedliche Pilzarten gibt und nicht nur das Vorkommen gewisser Baumarten, sondern auch die Bodenunterlage eine Rolle spielt. Manche Pilzarten wachsen vorwiegend in Altholzbeständen, andere wieder in Jungpflanzungen. Die Wissenschaft, die sich mit diesen Fragen beschäftigt, nennt man *Pilzökologie*. Leider ist über die Ansprüche der einzelnen Arten noch recht wenig bekannt. Sonst wäre es unter Umständen eines Tages möglich, ideale »Steinpilz«-Bedingungen zu schaffen und so das Wachsen dieser delikaten Speisepilze besonders zu fördern. Bis jetzt weiß man lediglich, daß auch unter den Pilzen ein harter Konkurrenzkampf herrscht und nur der jeweilige Sieger seine Fruchtkörper zur Reife bringen kann. Die Ergebnisse in diesem Wettstreit bestimmen aber in erster Linie Faktoren wie Temperatur, Niederschläge und Bodenunterlage. Der Mensch kann in diese Naturabläufe bis heute nicht steuernd eingreifen. Selbstverständlich bleibt auch die Pilzflora durch die Holznutzung und vielfältige andere Umweltveränderungen nicht unbeeinflußt, ja unbeschadet, denkt man zum Beispiel an den Schadstoffgehalt der Luft.

Wie vermehren sich die Pilze?

Die vom Wind oft über große Entfernungen getragenen Pilzsporen bilden auf geeigneten Nährböden ein weißliches Geflecht, das man als *Einkernmyzel* bezeichnet. Voraussetzung für die Bildung neuer Fruchtkörper ist die Verschmelzung der Geflechte aus zwei verschiedengeschlechtlichen Sporen, wobei sich zwar die Zellen vereinigen, die Zellkerne aber getrennt bleiben. Jede Zelle eines fruchtbaren Geflechts und jede Zelle eines Pilzfruchtkörpers hat damit zwei Kerne; man spricht jetzt von einem *Paarkernmyzel.* Erst wenn in der Ständerzelle *(Basidie)* die Sporenbildung einsetzt, vereinigen sich die Zellkerne und bilden anschließend durch zweimalige Teilung sofort vier neue Kerne. Unmittelbar danach entstehen daraus vier einkernige Sporen. Diese Art der Fortpflanzung gilt für den größten Teil der **Ständerpilze**; bei den **Schlauchpilzen** verläuft sie im Prinzip ähnlich, wobei jedoch in der Schlauchzelle *(Ascus)* meist acht Sporen entwickelt werden. (Siehe System der Pilze Seite 242 ff.) Vor allem bei den auf einer niedrigeren Entwicklungsstufe stehenden Arten ist sie durch die Bildung von Nebenfruchtformen mit zum Teil völlig anderem Aussehen noch viel komplizierter.

Die Sporenproduktion der Pilze erreicht unvorstellbare Ausmaße. **Blätterpilze** mittlerer Größe werfen stündlich zwischen 25 und 40 Millionen Sporen ab; selbst kurzlebige Arten können dabei mehrere Milliarden je Pilzhut erzeugen. Ein ausgewachsener Steinpilz bringt es innerhalb von 14 Tagen auf über 10 Milliarden. Würde aus jeder Spore nur ein einziger Steinpilz entstehen, so könnte man damit einen Güterzug von über 500 km Länge beladen. Die Befürchtungen, übermäßiges und vorzeitiges Abernten von Speisepilzen könnte den Sporenabwurf so stark einschränken, daß Arten aussterben, sind wohl unbegründet, wenn man bedenkt, daß ein Pilzgeflecht unter Umständen jahrhundertelang im Boden leben und Fruchtkörper bilden kann.

Pilze an Holz

Eine Reihe von Pilzarten der unterschiedlichsten Familien wächst an Holz. Die Sporen dieser Pilze sind sehr aggressiv und nutzen jede Gelegenheit, in das Holz einzudringen. Gesunde Bäume können diesen Angriffen durch ihre schützende Rinde widerstehen; nur altersschwache, kranke oder bereits abgestorbene Bäume werden infiziert. Wenn die Rinde beschädigt wird, vor allem an Abbruch- oder Schnittstellen, entstehen ideale Angriffspunkte für Pilzinfektionen. Ohne außen sichtbare Spuren zu hinterlassen, dringt das Pilzgeflecht bis ins Kernholz vor. Bestimmte Pilzarten zersetzen dabei nur die im Holz enthaltene *Zellulose* und das *Lignin,* lassen aber den Kohlenhydratanteil des Holzes unberührt. Das Holz behält dann zwar lange seine Struktur, färbt sich aber ganz hell; man spricht dann von einer *Weißfäule,* die vor allem bei Laubhölzern auftritt. Pilze, die vorwiegend Nadelhölzer befallen, bauen dagegen vielfach nur die Kohlenwasserstoffe ab. Das Holz zerbröckelt und wird braunrot; diese Erscheinung nennt man *Braunfäule.* Sobald am Stamm die ersten Pilz-Fruchtkörper erscheinen, ist das Kernholz bereits weitgehend zerstört und der Baum nicht mehr zu retten. Die Zerstörung kranker und schwacher Bäume in der Natur durch Pilze ist notwendig und verursacht niemals Schäden. Nur da, wo der Mensch in falscher Weise steuernd eingreift und nicht standortgerechte Baumarten pflanzt, wird eine Pilzart zum Waldzerstörer. Bekannt ist dies vor allem vom **Hallimasch** und vom **Wurzelschwamm** (Seite 100 und 180), die beide in Fichtenforsten mitunter den größten Teil des Bestandes angreifen und zerstören können. In natürlich gewachsenen Wäldern tritt der Hallimasch nie an lebenden Hölzern auf, und der Wurzelschwamm scheint in Gegenden, in denen die Fichte natürlich wächst, überhaupt zu fehlen. Wo Pilze an toten Stämmen oder auf Strünken wachsen, läßt sich oft eine große Formenfülle beobachten. Verfolgt man das Pilzwachstum an einem Stamm über längere Zeit, so ist festzustellen, daß die Pilze in einer Art Rangordnung erscheinen. Manche Arten, zum Beispiel **Samtfußrüblinge** oder der Hallimasch, wachsen bereits an frisch abgestorbenem und noch recht hartem Holz, während andere, wie der **Buchenstachelbart** erst auftreten, wenn das Holz schon weitgehend zerfallen ist. An trockenen und sonnigen Stellen wird man andere Holzpilze finden als an Strünken im dichten Unterholz. So wächst der **Zaunblättling** nur an frei und trocken gelagertem Holz, während man einem **Fenchelporling** stets an feuchten und schattigen Stellen begegnen wird.

Hexenringe

Manche Pilzarten formen oft zu Kreisen geschlossene Reihen und Bogen. Die Erklärung für diese seltsame Naturerscheinung ist denkbar einfach: Bestimmte Pilzarten wachsen von ihrem Entstehungsort aus gleichmäßig nach allen Richtungen weiter und bilden in der Zuwachszone ihre Fruchtkörper. Die Pilze erscheinen damit in einem von Jahr zu Jahr größer werdenden Kreis. Wird das Wachstum gestört, löst sich dieser in Bogen oder Reihen auf. Aus der Wachstumsgeschwindigkeit und der Größe eines Rings, der im Durchmesser mehrere hundert Meter betragen kann, läßt sich dessen Alter errechnen; es kann bis zu 700 Jahre betragen. Hexenringe werden nur von bestimmten Pilzarten gebildet. **Steinpilz** oder **Fliegenpilz** zum Beispiel bilden keine Hexenringe.

Giftpilze und Pilzgifte

Seit man Pilze kennt, weiß man auch um die Giftigkeit einiger von ihnen. Es ist daher verständlich, daß seit jeher nach Wegen gesucht wurde, die gefährlichen Giftpilze eindeutig zu bestimmen und die damit verbundenen Gefahren zu vermeiden. Leider sind die hierzu im Volksglauben entstandenen Regeln ausnahmslos falsch. Es gibt kein allgemeingültiges Merkmal zum Erkennen von Giftpilzen. Nur die botanischen Kennzeichen jeder einzelnen Art geben Aufschluß, ob man es mit einem Giftpilz zu tun hat. Warum nun sind manche Pilze so gefährlich? Pilze sind wie kein anderes Lebewesen befähigt, äußerst komplizierte organische Verbindungen einzugehen. Ihre Inhaltsstoffe unterscheiden sich von denen der Blütenpflanzen grundlegend. Eine Reihe von Pilzarten baut giftige Substanzen auf, die menschliche Organe, vor allem Leber, Niere und auch den Kreislauf angreifen, was unter Umständen zum Tod führen kann. Die gefährlichsten dieser Pilzgifte sind:

α-Amanitin – Dieses Gift der **Knollenblätterpilze** (Seite 80) wurde auch im **Gesäumten Häubling** (Seite 100) nachgewiesen und dürfte darüber hinaus in einigen kleineren, meist seltenen **Schirmlingen** (Seite 34) enthalten sein. Es führt schon in sehr geringer Menge zu einer Zerstörung der Leber und ist die häufigste Ursache tödlicher Pilzvergiftungen.

Orellanin – Es wurde bisher im **Orangefuchsigen Rauhkopf,** im **Spitzbuckligen Rauhkopf** (Seite 122) und einigen nahe verwandten Arten nachgewiesen und ist möglicherweise auch im **Schöngelben Klumpfuß** und seinen nächsten Verwandten (Seite 130) enthalten.

Orellanin führt zu sehr langwierigen Vergiftungen, oft mit bleibender Nierenschädigung, die nicht selten tödlich verlaufen.

Gyromitrin – Dieses Gift der **Frühlorchel** (Seite 218) wurde erst vor 2 Jahrzehnten entdeckt und wirkt ähnlich wie das *α-Amanitin.*

Muscarin – Diese giftige Substanz ist in zahlreichen Pilzarten nachgewiesen, aber nur in einigen **Rißpilzen** (Seite 104 und 120) und **Gifttrichterlingen** (Seite 36) in lebensbedrohender Menge enthalten. Muscarin wirkt als Nervengift auf Herz und Kreislauf und kann durch das Tollkirschengift *Atropin* neutralisiert werden. Es ist zwar auch in geringer Dosis im **Panther-** und **Fliegenpilz** enthalten; die lebensgefährliche Giftwirkung dieser beiden Pilze ist jedoch auf andere Giftsubstanzen zurückzuführen.

Ausführliche Hinweise zu den Pilzgiften, ihre Wirkung und die Behandlungsmethoden finden Sie im »GU Giftpilz-Kompaß«.

Darüberhinaus gibt es aber noch zahlreiche Pilze, die zwar keine gefährlich giftigen Substanzen enthalten, aber doch tagelanges Unwohlsein (Magen-Darmbeschwerden) verursachen können. Längst sind noch nicht alle Pilzarten erforscht, wie das Beispiel des **Kahlen Kremplings** (Seite 140) zeigt, dessen Gefährlichkeit erst 1972 erkannt wurde. Vor Kostversuchen mit unbekannten Pilzen wird also dringend gewarnt!

Schwermetallgehalt: Erst seit kurzer Zeit ist bekannt, daß manche wildwachsenden Pilze beträchtliche Mengen der giftigen Schwermetalle *Blei, Quecksilber* und vor allem *Cadmium* enthalten. Der Gehalt ist dabei weitgehend vom Standort unabhängig und nicht etwa auf Pilze in Industriegebieten konzentriert. Deshalb generell vor dem Verzehr von Pilzen zu warnen, wäre übertrieben, besonders in Anbetracht dessen, daß andere Lebensmittel, insbesondere Leber und Niere, im Vergleich noch viel höhere Mengen dieser Schadstoffe enthalten. Allerdings ist ein ständiger Konsum an Pilzen durchaus bedenklich, vor allem, wenn die besonders cadmiumreichen **Anisegerlinge** (Seite 94) oder **Riesenschirmlinge** (Seite 86) verwendet werden.

Wie bestimmt man einen Blätterpilz?

Zur Bestimmung der einzelnen Pilzarten zieht man ausschließlich ihre Fruchtkörper heran. Grundvoraussetzung ist in jedem Fall die Kenntnis der einzelnen Teile des Fruchtkörpers. Die weitaus meisten der für den Sammler und Naturfreund interessanten Arten sind nach einem einheitlichen Schema aufgebaut: Auf einem sich aus dem Boden erhebenden **Stiel** sitzt ein jung eingerollter, später ausgebreiteter **Hut,** an dessen Unterseite die aus **Lamellen** (Blättern) oder **Röhren** bestehende Fruchtschicht gebildet wird.

Der **Hut** ist jung meist geschlossen und breitet sich bald halbkugelig, später konvex bis flach oder trichterförmig aus. (Die für viele Pilzarten typischen Hutformen sind auf der hinteren Umschlaginnenseite dargestellt.) Die Hutoberfläche ist mit einer häufig gefärbten, gelegentlich ganz oder teilweise abziehbaren Haut bedeckt. Diese kann schmierig, samtig, filzig, schuppig, glatt, matt oder glänzend sein. Gelegentlich findet man flockige oder häutige, seltener auch seidige oder faserige Reste einer den jungen Fruchtkörper umschließenden und später aufreißenden Hülle, von der nicht selten auch Reste am Stiel, vor allem am Knollenrand zurückbleiben.

Die **Lamellen** sind bei den verschiedenen Blätterpilzarten schmal, breit, dick oder dünn. Sie können weit am Stiel herablaufen, aber auch ausgebuchtet oder gar nicht am Stiel angewachsen sein. Manchmal verzweigen sich die Lamellen gabelig; häufiger sind die gegen den Hutrand kürzeren Zwischenlamellen zu beobachten. Bei manchen Blätterpilzen sind die Lamellen am Grund queraderig miteinander verbunden. (Alle diese Eigenschaften sind auf der hinteren Umschlaginnenseite durch Zeichnungen erläutert.) Die Lamellenfarbe sollte kritisch gewertet werden, da sie sich häufig im Laufe der Entwicklung eines Fruchtkörpers ändert. Pilze völlig verschiedener Verwandtschaftskreise können zumindest jung die gleiche Lamellenfarbe besitzen. Die Lamellenschneide ist glatt, gesägt oder gekerbt. Sie kann aber auch fein flockig sein, kleine Wassertropfen ausscheiden und eine von der übrigen Lamelle abweichende Farbe besitzen.

Die **Röhren,** die bei den Röhrlingen anstelle der Lamellen stehen, lassen sich als schwammige Schicht leicht vom Hutfleisch ablösen. Sie sind jung meist grau oder gelb; bei Sporenreife färben sie sich oft oliv. Die Öffnungen auf der Unterseite bezeichnet man als **Poren.** Sie können eng- oder weitlöcherig und bei manchen Arten grob ausgezackt sein. Einige Röhrlinge haben rot gefärbte Poren.

Der **Stiel** kann sein Aussehen während der Entwicklung des Fruchtkörpers stark verändern. (Alle wichtigen Stielformen sind auf der vorderen Umschlaginnenseite dargestellt.) Bei vielen Pilzen werden die Lamellen oder Röhren anfangs von einer zweiten Hülle bedeckt, die später als Ring oder spinnwebartige, ringförmige Zone am Stiel zurückbleibt.

Das **Fleisch** zeigt neben verschiedenen Farben oder Verfärbungen beim Anschneiden auch eine recht unterschiedliche Konsistenz. Es kann watteartig weich, brüchig-spröde, zäh, elastisch oder faserig sein und einen weißen oder farbigen Milchsaft absondern.

Der **Geschmack** des rohen Fleisches oder der Milch ist nur bei nicht giftigen Pilzen angegeben und sagt für sich allein nichts über die Genießbarkeit des Pilzes aus. Kostproben des rohen Fleisches zur Sicherung des Bestimmungsergebnisses dürfen nur erfolgen, wenn es sich mit Sicherheit nicht um einen gefährlichen Giftpilz handelt.

Der **Wuchsort (Vorkommen)** eines Pilzes gibt für seine Bestimmung wertvolle Hinweise. Es kommt dabei nicht nur auf die ihn umgebenden Baumarten, sondern auch auf Feuchtigkeit und Art des Bodens an. Wenn Pilze an Holz wachsen, sollte auch auf die Holzart (Laub- oder Nadelholz) geachtet werden.

Der **Geruch** eines Pilzes gehört zu den wertvollsten Hilfsmitteln bei der Bestimmung ohne Mikroskop. Es bedarf einer gewissen Erfahrung, bis man die an den zerdrückten Lamellen frischer Pilze besonders deutlichen Gerüche unterscheiden kann. Das Geruchsspektrum reicht von Kokosflocken, Anisplätzchen, Stachelbeerkompott und Bittermandeln bis Rettich, faulem Kohl, Knoblauch und Kartoffelkeller.

Die **Sporen (Sporenpulver),** deren genauere Untersuchung ein Mikroskop mit 1000facher Vergrößerung erfordert, lassen sich auch für den Laien auf recht einfache Weise als wertvolles Merkmal heranziehen. Ihre Farbe ist nämlich für viele Familien und Gattungen recht charakteristisch. Um die bei jedem Röhren- und Blätterpilz angegebene Sporenpulverfarbe zu bestimmen, legt man einen abgeschnittenen Pilzhut für mehrere Stunden auf weißes Papier und deckt ihn mit einem Glas ab. Es entsteht, sofern der Pilz nicht zu jung und noch frisch war, ein genauer Abdruck der Lamellen in der zutreffenden Farbe.

Mikroskopische Merkmale: Unter dem Mikroskop eröffnet sich dem Pilzkundler eine wahre Wunderwelt. Farbe, Form und Größe der Sporen lassen nicht nur verschiedene Familien oder Gattungen erkennen; sie offenbaren in ihrer Struktur auch winzigste Werke der belebten Natur. Daneben lassen sich die sporenbildenden Ständer- und Schlauchzellen sowie die bei manchen Arten zwischen den fruchtbaren Zellen sitzenden *Zystiden* mit teilweise recht charakteristischen Formen beobachten. Wer die mikroskopische Schnittechnik beherrscht, wird außerdem Aufbau und Struktur der Huthaut und der Lamellen untersuchen. Alle diese Merkmale spielen heute bei der Einteilung der Pilze in Familien und Gattungen eine wichtige Rolle. Da man sie im Gelände nicht überprüfen kann, bleibt es – anders als bei den Blütenpflanzen – nur dem erfahrenen Kenner vorbehalten, die Pilze bereits draußen in der Natur richtig zuzuordnen.

Verschiedene Sporenformen
(ca. 1000fach vergrößert)

Täubling Schleierling Röhrenpilz

Verschiedene Zystidenformen
(500fach vergrößert)

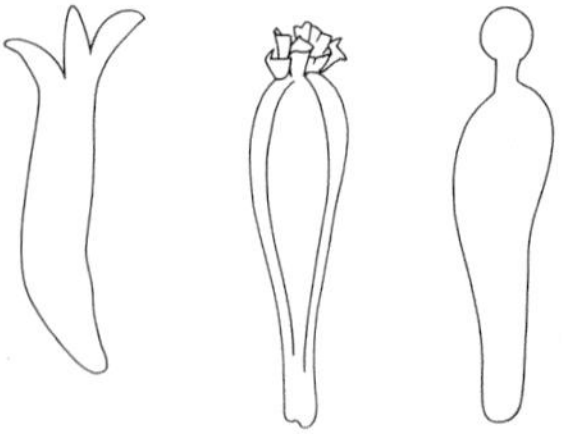

Hakenzystide (Dachpilz) Kristallzystide (Rißpilz) Kopfzystide (Häubling)

Querschnitt durch eine Lamelle
(schematisch, 100fach vergrößert)

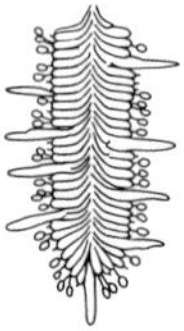

Das System der Pilze

Ebenso wie die Blütenpflanzen werden auch die Pilze in **Klassen, Ordnungen, Familien, Gattungen und Arten** eingeteilt. Da die Zuordnung bei den Pilzen vielfach aber nicht nach äußerlich erkennbaren Merkmalen erfolgt, ist es für den Laien oft nahezu unmöglich, die natürlichen Verwandtschaftsbeziehungen der Pilze zu durchschauen. Um dennoch einen Überblick der wichtigsten Pilzgruppen zu geben, wurde der nachstehende, vereinfachte »Stammbaum« entworfen, der sich zwar nicht exakt an die wissenschaftlichen Erkenntnisse hält, aber doch die Zugehörigkeit der wichtigsten Fruchtkörperformen erkennen läßt.

Klasse: Schlauchpilze (Ascomyceten)
Sporen reifen in meist 8sporigen Schläuchen (Asci)

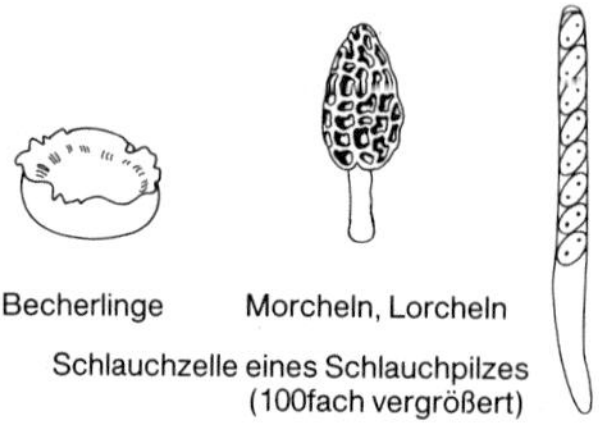

Becherlinge Morcheln, Lorcheln

Schlauchzelle eines Schlauchpilzes (100fach vergrößert)

Klasse: Ständerpilze (Basidiomyceten)
Sporen reifen meist zu 4 an Ständerzellen (Basidien)

Ständerzelle eines Ständerpilzes (500fach vergrößert)

Nichtblätterpilze (Aphyllophorales)

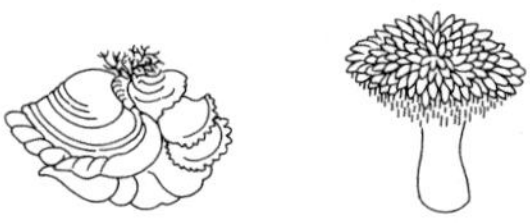

Porlinge Stachelpilze

Leistlinge

Korallenpilze

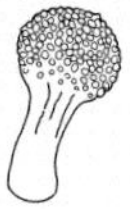

Bauchpilze

Gallertpilze

Röhren- und Blätterpilze (Agaricales)

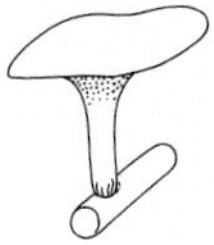

Hutporlinge

Röhrlinge

Täublinge und Milchlinge

übrige Lamellenpilze

(Pilzgruppen, die nur von wissenschaftlichem Interesse sind, wie die zu den Schlauchpilzen zählenden *Schimmelpilze,* oder die *Brand-* und *Rostpilze* wurden nicht berücksichtigt.) Das heute übliche System der Pilze ist vor allem bei den Nichtblätterpilzen wesentlich komplizierter und unterliegt noch ständiger Umwandlung.

Die Hutpilze

Die Hutpilze, also die **Röhrlinge, Blätterpilze** und teilweise auch die **hutbildenden Porlinge,** stellen den weitaus größten Teil der Pilzflora unserer Wälder. Leider ist es nicht ganz einfach, die rund 2500 verschiedenen Arten anhand äußerlicher Merkmale in die richtigen Familien und Gattungen einzuordnen. Die Merkmale der natürlichen Verwandtschaftsbeziehungen sind nämlich, soweit sie überhaupt schon sicher bekannt sind, vielfach nur unter dem Mikroskop erkennbar oder mittels chemischer Analysen nachprüfbar. Die nachfolgende Gliederung kann deshalb nur einen groben Überblick über die Systematik der Hutpilze geben. Sie umfaßt nur die wichtigsten Gattungen und beschränkt sich auf die in diesem Pilzführer enthaltenen Pilzarten. Eine Einordnung unbekannter Pilze in die betreffende Familie und Gattung – übrigens auch für Kenner nicht immer leicht – wird daher nicht in allen Fällen gelingen.

Ordnung: *Polyporales*

Familie: *Polyporaceae*
Pilze mit alt zähem Fleisch, Fruchtschicht porig oder lamellig, Stiel oft einseitig, an Holz wachsend.
Gattungen:
Polyporus, Hutporling (S. 28)
Pleurotus, Seitling (S. 32)

Ordnung: *Boletales,* Röhrenpilze

Familie: *Boletaceae,* Röhrlinge
Fruchtschicht aus einer weichen, ablösbaren Röhrenschicht bestehend, Sporenpulver meist braun bis oliv.
Gattungen:
Boletus, Dickröhrling (S. 8–14, 18)
Xerocomus, Filzröhrling (S. 16, 18)
Suillus, Schmierröhrling (S. 18–22)
Leccinum, Rauhstielröhrling (S. 24)
Gyroporus, Hasenröhrling (S. 18)
Gyrodon, Erlengrübling (S. 14)
Boletinus, Hohlfußröhrling (S. 20)
Chalciporus, Pfefferröhrling (S. 18)
Pulveroboletus, Holzröhrling (S. 18)
Tylopilus, Rosasporröhrling (S. 8)

Familie: *Strobilomycetaceae*
Von der Familie der *Boletaceae* hauptsächlich durch abweichende Sporenformen und Farbstoffe unterschieden.
Gattungen:
Strobilomyces, Strubbelkopf (S. 26)
Porphyrellus, Porphyrröhrling (S. 26)

Familie: *Paxillaceae,* Kremplinge
Fruchtschicht aus weit herablaufenden, oft gegabelten Lamellen bestehend, Sporenpulver weiß oder braun.
Gattungen:
Paxillus, Krempling (S. 140)
Hygrophoropsis, Falscher Pfifferling (S. 198)

Familie: *Gomphidiaceae,* Schmierlinge
Fleischige Pilze mit entfernten, herablaufenden Lamellen, Sporenpulver olivschwarz.
Gattungen:
Gomphidius, Schmierling (S. 58)
Chroogomphus, Gelbfuß (S. 142)

Ordnung: *Agaricales,* Lamellenpilze

Familie: *Hygrophoraceae,* Schnecklinge
Lamellen meist weiß, dicklich und entfernt, sporenbildende Basidien ziemlich lang.
Gattungen:
Hygrophorus, Schneckling (S. 54–58)
Hygrocybe, Saftling (S. 54)

Familie: *Tricholomataceae,* Ritterlingsartige
Pilze unterschiedlichster Form und Größe mit weißem, creme- oder rosafarbenem Sporenpulver, ausgebuchteten oder herablaufenden, weißen, gelben, seltener rosa, creme oder blauen Lamellen.
Gattungen:
Omphalina, Nabeling (S. 42)
Rickenella, Heftelhelmling (S. 40)
Laccaria, Lackpilz (S. 34)
Clitocybe, Trichterling (S. 36, 38, 62, 64)
Lepista, Rötelritterling (S. 60, 64, 66)
Tricholoma, Ritterling (S, 68–72)
Tricholomopsis, Holzritterling (S. 68)
Armillariella, Hallimasch (S. 100)
Lyophyllum, Rasling (S. 36, 50)
Calocybe, Schönkopf, Mairitterling (S. 64)
Asterophora, Zwitterling (S. 52)
Pseudoclitocybe, Gabeltrichterling (S. 50)
Melanoleuca, Weichritterling (S. 74)
Catathelasma, Doppelringtrichterling (S. 98)
Collybia, Rübling (S. 38, 46, 48, 76)
Marasmiellus, Astschwindling (S. 52)
Micromphale, Stinkschwindling (S. 44, 52)
Panellus, Zwergknäueling (S. 32)
Oudemansiella, Schleimrübling (S. 74, 96)
Megacollybia, Holzrübling (S. 74)
Xerula, Samtrübling (S. 74)
Strobilurus, Zapfenrübling (S. 42)
Marasmius, Schwindling (S. 44, 48, 52)
Macrocystidia, Gurkenschnitzling (S. 38)
Mycena, Helmling (S. 40, 42, 52)
Xeromphalina, Glöckchennabeling (S. 46)
Flammulina, Winterrübling (S. 46)

Familie: *Entolomataceae,* Rötlinge
Pilze unterschiedlicher Größe, Lamellen und Sporenpulver rosa, Sporen eckig.
Gattungen:
Rhodocybe, Tellerling (S. 48)
Clitopilus, Mehlräsling (S. 50)
Entoloma, Rötling (S. 40, 50, 60)

Familie: *Pluteaceae,* Dachpilzartige
Lamellen frei, alt rosa, Sporenpulver rosa.
Gattungen:
Pluteus, Dachpilz (S. 50, 74)
Volvariella, Scheidling (S. 76)

Familie: *Amanitaceae,* Wulstlinge
Lamellen weiß, frei, Sporenpulver weiß; meist mit Ring und Außenhülle.
Gattungen:
Amanita, Wulstling (S. 78–84)
Limacella, Schleimschirmling (S. 76)

Familie: *Agaricaceae,* Egerlingsartige
Lamellen weiß oder braun, frei, Sporenpulver weiß oder braun;

Hut oft schuppig, ohne Außenhülle, Stiel meist beringt.
Gattungen:
Agaricus, Champignon, Egerling (S. 92–94)
Melanophyllum, Buntschirmling (S. 110)
Cystolepiota, Mehlschirmling (S. 34)
Lepiota, Schirmling (S. 34, 88)
Macrolepiota, Riesenschirmling (S. 86, 88)
Cystoderma, Körnchenschirmling (S. 90)
Phaeolepiota, Glimmerschüppling (S. 98)

Familie: *Coprinaceae*, Tintlingsartige
Lamellen schwarz, oft zerfließend, Sporen dunkelbraun bis schwarz.
Gattungen:
Coprinus, Tintling (S. 110, 112)
Panaeolus, Düngerling (S. 110)
Panaeolina, Heudüngerling (S. 110)
Anellaria, Ringdüngerling (S. 96)
Psathyrella, Zärtling (S. 112, 142)

Familie: *Strophariaceae*, Träuschlingsartige
Lamellen gelbbraun, grau oder dunkelbraun, Sporenpulver meist dunkelbraun, Hut oft schmierig, Sporen glatt.
Gattungen:
Stropharia, Träuschling (S. 96, 110)
Hypholoma, Schwefelkopf (S. 102)
Pholiota, Schüppling (S. 114, 116)
Kuehneromyces, Stockschwämmchen (S. 100)

Familie: *Cortinariaceae*, Schleierlinge
Lamellen jung weiß, tonblaß, gelb, lila, oliv, alt rost- oder dunkelbraun, häufig mit Haarschleier, Sporenpulver rost- bis dunkelbraun, Sporen oft warzig.
Gattungen:
Inocybe, Rißpilz (S. 104, 120)
Hebeloma, Fälbling (S. 118)
Gymnopilus, Flämmling (S. 102)
Dermocybe, Hautkopf (S. 108)
Cortinarius, Schleierling (S. 106, 122–138)
Rozites, Reifpilz (S. 98)
Galerina, Häubling (S. 40, 100)

Ordnung: *Russulales*, Sprödbl[ätter]

Familie: *Russulaceae*, Sprödb[lätt]ler
Von allen anderen Lamellenpilze[n] durch kugelige Zellen im Geweb[e] unterschieden; Fleisch dadurch käsigmürbe, nicht faserig.
Gattungen:
Russula, Täubling (S. 144–158)
Lactarius, Milchling (S. 158–174)

Sterben die Pilze aus?

In den letzten Jahren hört man häufig, die Pilze würden durch übermäßiges Sammeln in ihrem Bestand bedroht oder gar ausgerottet. Dabei hat es gerade in den vergangenen Jahren in manchen Gegenden ausgesprochen viele Pilze gegeben. Geht man solchen Befürchtungen einmal nach, so erweist sich bald, daß nicht zuletzt verständliche Interessen der Waldbesitzer und Jäger hinter den Forderungen nach Sammelverboten stehen. Will man den Schutz der Pilze als Naturschutz verstanden wissen, dürfen nicht nur deren Motive ausschlaggebend sein; wenn auch die Pilzsammler daran nicht ganz unschuldig sind. Denn wie oft ziehen an den Wochenenden die Stadtbewohner scharenweise durch die Wälder und hinterlassen durch mutwilliges Ausreißen und Umtreten aller Pilze eine Spur der Zerstörung. So kann es nicht verwundern, daß vor allem die beliebteren Speisepilze in Großstadtnähe schon zur Seltenheit geworden sind. Schonendes Sammeln ohne Beschädigung der Bodendekke sollte neben einem überlegten Verhalten in der freien Natur oberstes Gebot für jeden Sammler und Naturfreund sein. Die Ursachen für den bedrohlichen Rückgang der Pilze allein bei den Sammlern zu sehen, hieße die Hauptproblematik außer acht lassen. Die allerorts sich vollziehenden Umweltveränderungen haben vor allem die von Natur aus seltenen Pilzarten in große Bedrängnis gebracht. Mit der Zerstö-

, naturnaher Wiesen, Wälder Moore verschwinden auch die solche Lebensräume angewie-nen Pilzarten. Wo läßt man heute och einen toten Baum stehen, um auch den von der Natur für den Abbau des Holzes geschaffenen Pilzen ein Überleben zu ermöglichen? Wer bedenkt, daß mit dem Fällen alter Bäume und dem Anpflanzen ausländischer Baumarten viele Mykorrhizapilze zugrundegehen? Nicht einmal vor Naturschutzgebieten, die durch ihren Reichtum an seltenen Pilzen berühmt sind, macht die Säge des Forstmannes halt. Wen verwundert es da, wenn auf den »Roten Listen« der aussterbenden Pilze nicht etwa Steinpilz und Pfifferling, sondern andere, dem Sammler oft völlig unbekannte Arten stehen? Außerordentlich ernst zu nehmen sind die Befürchtungen, mit dem überall zu beobachtenden »Waldsterben« könnte auch ein großer Teil der heimischen Pilzflora zugrundegehen. Es ist unbestritten, daß mit den Bäumen auch die an sie gebundenen Pilze verschwinden. Nicht wenige Pilzkundler glauben, bereits Veränderungen in der Pilzflora im Zusammenhang mit dem »sauren Regen« beobachtet zu haben. Da man nicht in der Lage ist, das Wachstum bestimmter Pilze vorherzusagen, muß mit solchen Rückschlüssen äußerst vorsichtig umgegangen werden. Der Beweis, daß sich die Waldschäden auf einzelne Pilzarten auswirken, ist derzeit noch nicht zu erbringen. Sollte der Wald in den nächsten Jahrzehnten tatsächlich zugrundegehen, würde dies eine ökologische Katastrophe ungeahnten Ausmaßes bedeuten. Angesichts der damit verbundenen verheerenden Folgen für Landschaft, Klima und Wasserhaushalt dürfte das Aussterben unserer Pilzflora allerdings nur von untergeordneter Bedeutung sein.

Ratschläge für den Speisepilzsammler

Pilze bestehen zu 90% aus Wasser. Die Trockensubstanz enthält vor allem Eiweiß, Kohlenhydrate und neben einem unbedeutenden Fettanteil die Vitamine A, B und D. Da Pilze schwer verdaulich sind, sollten sie stets gut gekocht, gebraten oder gedünstet werden. Ihr Nährwert ist mit dem von Gemüse vergleichbar.

Grundregeln:

1. Nur Pilze für Speisezwecke sammeln, die man einwandfrei bestimmen und tatsächlich verwenden kann.
2. Pilze sorgfältig abschneiden oder herausdrehen; Öffnung im Boden zudrücken und die Pilze an Ort und Stelle reinigen.
3. Pilze luftig transportieren, niemals Plastiktüten verwenden!
4. Pilze, die man nicht sicher kennt und zu Hause nachbestimmen möchte, ganz aus dem Boden nehmen und getrennt von Speisepilzen, möglichst in einer Dose verpackt aufbewahren.

Einfrieren von Pilzen

Hierfür eignen sich nur ganz frische und festfleischige Arten. Die Pilze müssen zuerst gereinigt und kochfertig aufgeschnitten werden. Vorheriges kurzes Abkochen und anschließendes kaltes Abschrecken (blanchieren) hilft Platz sparen, verlängert die Lagerfähigkeit von ca. 6 Monaten aber nur unwesentlich und beeinträchtigt das Aroma. Der Gefriervorgang muß sehr rasch vor sich gehen. Vor der Verwendung dürfen die Pilze nicht aufgetaut werden, sondern müssen im gefrorenen Zustand gekocht, gebraten oder gedünstet werden.

Trocknen von Pilzen

Nur festfleischige, trocken gesammelte Pilze, vor allem **Röhrlinge,** eignen sich zum Trocknen. Beim Lufttrocknen werden die Pilze dünn geschnitten auf einem Faden aufgereiht und in einen gut durchlüfteten, warmen Raum gehängt. Im Backrohr lassen sich Pilze bei ca. 50° und spaltbreit geöffnetem Rohr etwa innerhalb 24 Stunden trocknen. Ein Umdrehen bei Halbzeit verhindert das lästige Ankleben.

Pilze selber züchten

Einige Pilzarten wie **Riesenträuschlinge (»Braunkappen«), Champignons und Austernseitlinge (»Kalbfleischpilze«)** werden zur Selbstzucht angeboten. Bei genauer Beachtung der Zuchtanleitung lassen sich mit diesen allerdings nicht zu den wohlschmeckendsten Arten zählenden Pilzen gute Erfolge erzielen, sofern man die Freude am Hobby und nicht einen wirtschaftlichen Nutzen dabei im Auge hat. Manchmal ist aber die Pilzbrut mit anderen Pilzarten infiziert, die dann als »Unkräuter« anstelle der erwarteten Speisepilze erscheinen und selbstverständlich nicht gegessen werden dürfen.

Besonders empfehlenswerte und leicht bestimmbare Speisepilze:

Diese Pilze sind mit gefährlichen Giftpilzen kaum zu verwechseln

Name	Erscheinungszeit	Verwertung	Text Seite
Steinpilz	Sommer–Herbst	für alle Zubereitungsarten, auch zum Trocknen geeignet	8
Maronenröhrling	Herbst	wie Steinpilz	16
Birkenpilz	Sommer–Herbst	für Pilzgemüse, kein Trockenpilz	24
Rotkappe	Sommer–Herbst	wie Birkenpilz	24
Riesenschirmling	Sommer–Herbst	für Gemüse, Hüte zum Braten	86
Schopftintling	Sommer–Herbst	für Gemüse, kein Trockenpilz	112
Frauentäubling	Sommer–Herbst	für alle Zubereitungsarten, kein Trockenpilz	144
Brätling	Sommer–Herbst	nur zum Braten	172
Pfifferling, Eierschwamm, Reherl	Sommer–Herbst	Würzpilz, auch für Suppen und Gemüse, kein Trockenpilz	198
Speisemorchel	Frühjahr	für Gemüse und Soßen	216

Arten-Register

Die Angaben im Register verweisen auf die Seitenzahlen.

Der Autor

Edmund Garnweidner, ein in Fachkreisen anerkannter Pilzexperte, zählt zu den besten Kennern unserer heimischen Pilzflora. Als Vorsitzender des »Vereins für Pilzkunde München« führt er seit Jahren pilzkundliche Wanderungen und Fachseminare durch. Er ist Autor verschiedener Pilzbücher, unter anderem des »Giftpilze-Kompaß« und »Das neue Pilzbuch«.

Die Farbfotos auf dem Umschlag

Vorderseite

oben: links Grünblättriger Schwefelkopf, Mitte Rötender Erdstern, rechts Schwärzender Saftling.
Mitte: links Roter Filzröhrling, rechts Steinpilz.
unten: links Reifpilz, Mitte Speisemorchel (darunter Fliegenpilz), rechts Igelstäubling.

Rückseite

oben: links Hahnenkamm, rechts Stinktäubling.
Mitte: links Eichen-Rotkappe, Mitte Lachsreizker, rechts Grüner Knollenblätterpilz.
unten: links Satanspilz (darunter Birkensaftporling), rechts Zitronengelber Reisigbecherling.

Buchrücken

oben Schopftintling, darunter Gesäumter Häubling.

Ein GU-Naturführer

Die Deutsche Bibliothek – CIP-Einheitsaufnahme

Garnweidner, Edmund:
GU Naturführer Pilze: d. wichtigen Pilze Mitteleuropas erkennen u. bestimmen / Edmund Garnweidner. – 6. Aufl.
München : Gräfe und Unzer, 1993
ISBN 3-7742-2216-9

Redaktionsleitung: Hans Scherz
Lektorat: Ursula Kopp

6. Auflage 1993

Fotos von Edmund Garnweidner
Zeichnungen: Heinz Bogner
Herstellung: Walter Lachenmann
Einbandgestaltung: Heinz Kraxenberger
Reproduktion: Graph. Anstalt E. Wartelsteiner
Satz und Druck: Appl, Wemding
Bindung: Conzella, Verlagsbuchbinderei Urban Meister
ISBN 3-7742-2216-9

Mehr wissen. Mehr sehen. Mehr erleben.

Den Blick schärfen für die Lebensweise unserer Singvögel – heißt sie schützen! 160 Seiten, 210 Farbfotos. 34,– DM.

Kunterbunte Blütenpracht ... Bestimmen heißt die Devise. Je 26,80 DM.

Stand: 1.9.1991

GU Kompasse:

Natur ganz neu entdecken. Mit den Kompassen von GU. Je 9,80 DM.

Die wichtigsten Wiesenblumen und schönsten Blumenwiesen. Extra: wichtige Ratschläge für den Artenschutz – und Tips für die Wildblumenwiese im eigenen Garten. 160 Seiten, 250 Farbfotos. 34,– DM.

Mehr draus machen. Mit GU.

GU GRÄFE UND UNZER

Lamellen und Poren

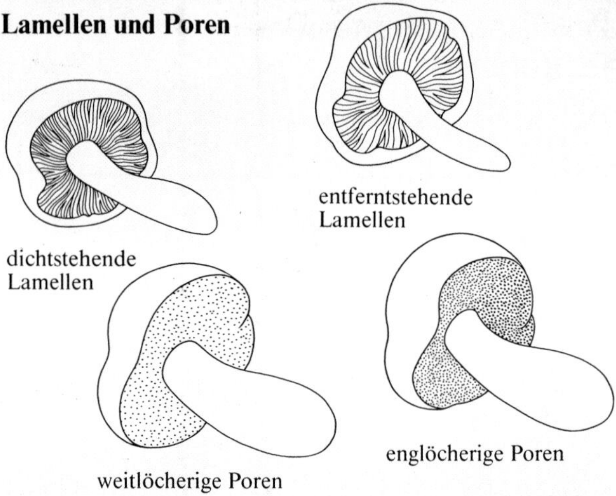

Lamellenanhaftung am Stiel

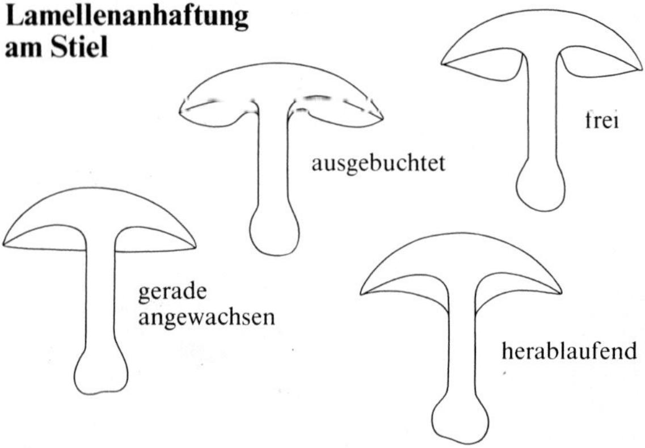

Lamellenformen der Blätterpilze

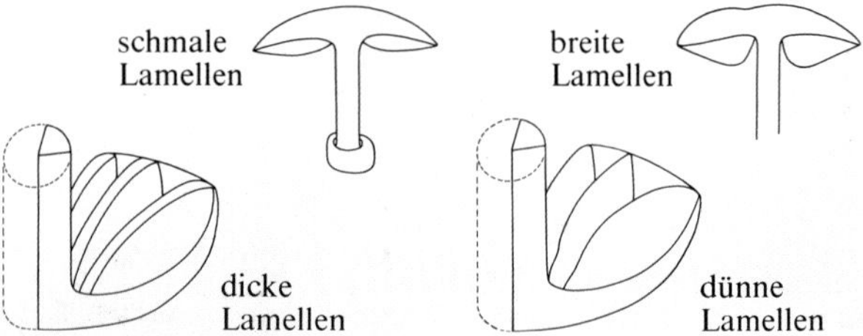